Schulungsprogramm Gefahrguttransport

Springer-Verlag Berlin Heidelberg GmbH

Siegfried Kreth

Schulungsprogramm Gefahrguttransport

Stück- und Schüttgutfahrer
5. Auflage

Dr. Ing. Siegfried Kreth
DEKRA Akademie
Marie-Curie-Straße 18
68219 Mannheim

ISBN 978-3-662-12981-4 ISBN 978-3-662-12980-7 (eBook)
DOI 10.1007/978-3-662-12980-7

Herstellung: Renate Albers, Berlin
Gestaltung, Illustrationen, Einband, Typographie: de'blik
Gesetzt in: Thesis Sans

SPIN 10704436 51/3020 – 5 4 3 2 1 0 – Gedruckt auf säurefreiem Papier

Vorwort

In einem künftig vereinten Europa wird Deutschland als Transitland im Bereich Güterverkehr immer mehr an Bedeutung gewinnen. Mit zunehmender Zahl der Gefahrguttransporte steigt aber auch die Unfallgefahr, sowie die Gefahr der Freisetzung von Gefahrgütern unterschiedlicher Stoff- und Risikoklassen.

Fahrzeugführer, als wichtige Systemkomponente des Gefahrguttransportes, werden erhöhtem Arbeitsdruck und größerer Verantwortung in ihrem Beruf ausgesetzt sein. Die Anforderungen an den Ausbildungsstand im technischen Bereich, wie bei rechtlichen Vorschriften, werden zunehmen.

Um diesen voraussehbaren Prognosen gerecht werden zu können, wurden diese vorliegenden Schulungsunterlagen zusammengestellt. Ihm liegen Erfahrungswerte aus jahrelangen Schulungen zu Grunde. Der Text ist fahrerfreundlich und wurde, im Gegensatz zu früheren Lehrheften, von allem unnötigen 'Beiwerk' befreit. Dies gewährleistet eine volle Konzentration auf das für den Fahrzeugführer Notwendige und Wissenswerte. Der Lehrplan basiert auf den Vorgaben des von dem Deutschen Industrie und Handelstag (DIHT) erarbeiteten Kursplan. Hauptziel der Gefahrgutfahrer-Schulung ist:

- den Fahrer mit den Gefahren und Risiken vertraut zu machen, die bei einem Gefahrguttransport auftreten können;
- dem Fahrer grundlegende Kenntnisse zu vermitteln, die erforderlich sind um:

a. Unfälle auf ein Mindestmaß zu beschränken;

b. bei einem Unfall sicherzustellen, daß Sicherheitsmaßnahmen getroffen werden, die sich für den Fahrer selbst, der Umwelt und zur Begrenzung der Unfallfolgen als erforderlich erweisen könnten.

Alle acht Themensektoren dieses Grundlehrganges sind in ihrem Aufbau nach einem einheitlichen Schema erstellt worden. Dieses Schema setzt sich aus drei Komponenten zusammen:

1. Allgemeine Informationen
2. Merksätze
3. Aufgaben.

In der Komponente **Allgemeine Informationen** werden dem Fahrer in kurzen, knappen Sätzen die technisch und rechtlich für ihn wichtigen Informationen vermittelt. Es sind Informationen, die vom Gesetzgeber für das Schulungsprogramm und die Lernziele für Gefahrgutfahrer vorgegeben wurden.

In der Komponente **Merksätze** befinden sich kurze, prägnante Zusammenfassungen von Informationen, die der Fahrer als 'gedankliche Checkliste' benutzen sollte.

Die Komponente **Aufgaben** ermöglicht dem Fahrer durch Beantwortung von Übungsfragen, seinen Wissensstand und sein Verständnis zum Thema zu überprüfen.

Allgemeine Vorschriften

Allgemeine Gefahreigenschaften

Dokumentation

Fahrzeug- & Beförderungsarten, Umschließungen, Ausrüstung

Aufschriften, Bezettelung und Kennzeichnung

Durchführung der Beförderung

Pflichten und Verantwortlichkeiten, Sanktionen

Maßnahmen nach Unfällen und Zwischenfällen

Allgemeine Vorschriften

Aufgrund vieler Unfälle, Zwischenfälle und einem stetig steigenden Gefahrgutaufkommen auf unseren Verkehrswegen hat der Gesetzgeber umfangreiche Gesetze, Verordnungen und Richtlinien erlassen.

Ziel dieser Vorschriften ist es, einen hohen Sicherheitsstandard für Leben und Gesundheit von Menschen, Tieren und Pflanzen, die Allgemeinheit, wichtige Gemeingüter und unsere Umwelt zu gewährleisten.

Gleichzeitig soll eine ausreichende Wirtschaftlichkeit für diese Gefahrguttransporte erreicht werden.

Gefahrguttransportaufkommen

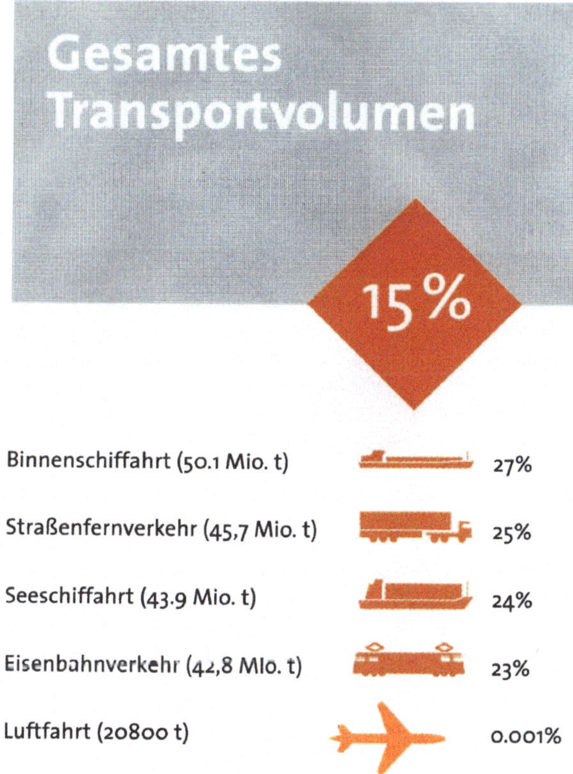

In den Ergebnissen ist auf Grund unzureichenden Datenbasis der Straßennahverkehr nicht enthalten.

Unfallstatistik Gefahrguttransport Straße 1995

Im Jahr 1995 ereigneten sich auf unseren Straßen 425 Gefahrguttransportunfälle. Dabei handelte es sich um Unfälle mit Personen- und schweren Sachschäden. Gefahrgutklassen die an diesen Unfällen am häufigsten beteiligt waren:

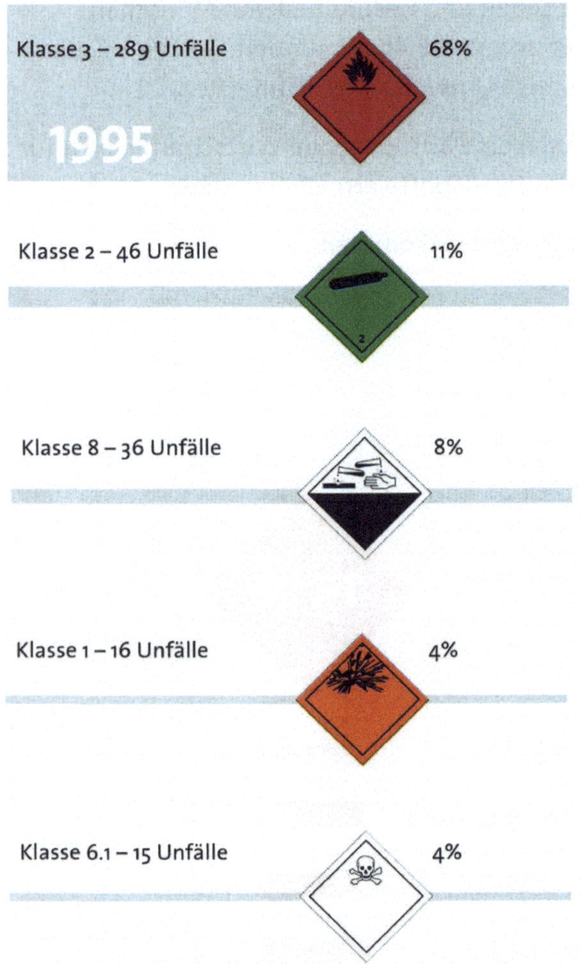

Gefahrgutvorschriften

	Gesetz über die Beförderung gefährlicher Güter	**UN-Recommendations on the Transport of Dangerous Goods**
	National	**Grenzüberschreitend**
	**GGVS** Gefahrgutverordnung Straße	**ADR** Europ. Übereinkommen über die internationale Beförderung gefährlicher Güter auf der Straße
	**GGVE** Gefahrgutverordnung Eisenbahn	**RID** Europ. Übereinkommen über die internationale Beförderung gefährlicher Güter mit der Eisenbahn
	**GGVBinsch** Gefahrgutverordnung Binnenschiff mit Anlage ADNR	**ADNR** Europ. Übereinkommen für die Rheinschiffahrt
	**GGVSee** Gefahrgutverordnung See mit Anlage IMDG-Code deutsch Containerpackrichtlinien Hafenverordnungen	**IMDG-Code** Intern. Code für die Seeschiffahrt; SOLAS, Hafenvorschriften
	**GGVLuft** (i.V.) es gelten derzeit IATA-DGR ICAO-TI	**IATA/DGR** = Dangerous Goods Regulations der IATA **ICAO-TI** = Technical Instructions der ICAO
	**GBV** Gefahrgutbeauftragtenverordnung	**EG-Richtlinie** für EU-Sicherheitsberater

ADR = European Agreement Concerning the International Carriage of Dangerous Goods by Road, Accord européen relativ au transport international des marchandises dangereuses par route

Gefahrgutverordnung Straße (GGVS)

Diese Verordnung regelt die innerstaatliche und grenzüberschreitende einschließlich innergemeinschaftliche (von und nach Mitgliedstaaten der Europäischen Union) Beförderung gefährlicher Güter auf der Straße mit Fahrzeugen in Deutschland.

Rahmenverordnung (§§ 1–13)
Beispiele:
- Begriffsbestimmungen (§ 2)
- Allgemeine Sicherheitspflichten (§ 4)
- Beförderung gefährlicher Güter der Anlage 1 (§ 7)
- Verantwortlichkeiten (§ 9)
- Ordnungswidrigkeiten (§ 10)

Anlage 1
- Gefährliche Güter, für deren innerstaatliche und grenzüberschreitende Beförderung § 7 gilt.

Anlage 2
Abweichungen von den Anlagen A und B des ADR für innerstaatliche Beförderungen
Beispiele:
- 5-Jahresfrist für Auffrischungskurs
- Verbot von Feuer und offenem Licht

Anlage 3
Nicht oder beschränkt zu benutzende Autobahnstrecken.

§ 1 GGVS verweist auf die Anlagen A und B des ADR-Übereinkommens. Somit gelten die Vorschriften dieser Anlagen unmittelbar auch für innerstaatliche Beförderungen.

Anlage A
Beispiele:
- *Stoffaufzählung*
- *Verpackungsvorschriften*
- *Bezettelung der Versandstücke*

Anlage B
Beispiele:
- *Fahrzeugarten*
- *Fahrzeugausrüstung*
- *Begleitpapiere*
- *Kennzeichnung der Fahrzeuge*

Anhänge A
- Anhang A.5: Anforderungen an die Verpackungen
- Anhang A.9: Vorschriften für die Gefahrzettel

Anhänge B
- Anhang B.4: Aufbau der Schulung für Gefahrgutfahrer
- Anhang B.5: Verzeichnis der Stoffe und Kennzeichnungsnummern

Arbeitsblatt

In welchem Teil der GGVS sind folgende Regelungen enthalten?

1. Fahrwegbestimmung
   - ▒ *Rahmenverordnung*
   - ▒ *Anlage A*
   - ▒ *Anlage B*

2. Aufzählung der gefährlichen Güter
   - ▒ *Rahmenverordnung*
   - ▒ *Anlage A*
   - ▒ *Anlage B*

3. Rauchverbot bei Ladearbeiten
   - ▒ *Rahmenverordnung*
   - ▒ *Anlage A*
   - ▒ *Anlage B*

4. Verantwortlichkeiten
   - ▒ *Rahmenverordnung*
   - ▒ *Anlage A*
   - ▒ *Anlage B*

5. Verpackung der Gefahrgüter
   - ▒ *Rahmenverordnung*
   - ▒ *Anlage A*
   - ▒ *Anlage B*

6. Ausbildung der Fahrzeugführer
   - ▒ *Rahmenverordnung*
   - ▒ *Anlage A*
   - ▒ *Anlage B*

7. Kennzeichnung der Fahrzeuge mit Warntafeln
   - ▒ *Rahmenverordnung*
   - ▒ *Anlage A*
   - ▒ *Anlage B*

8. Ordnungswidrigkeiten
   - ▒ *Rahmenverordnung*
   - ▒ *Anlage A*
   - ▒ *Anlage B*

9. Ausrüstung der Fahrzeuge mit Feuerlöschern
   - ▒ *Rahmenverordnung*
   - ▒ *Anlage A*
   - ▒ *Anlage B*

Die Gefahrgutklassen

Bezeichnung der Klasse

1 Explosive Stoffe und Gegenstände mit Explosivstoff

2 Gase

3 Entzündbare flüssige Stoffe

4.1 Entzündbare feste Stoffe

4.2 Selbstentzündliche Stoffe

4.3 Stoffe, die in Berührung mit Wasser entzündbare Gase entwickeln

Bezeichnung der Klasse

Entzündend (oxydierend) wirkende Stoffe

Organische Peroxide

Giftige Stoffe

Ansteckungsgefährliche Stoffe

Radioaktive Stoffe

Ätzende Stoffe

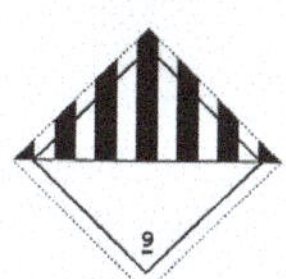

Verschiedene gefährliche Stoffe und Gegenstände

Ausnahmen, Vereinbarungen

Für Transporte, die nach den Vorschriften der GGVS und des ADR nicht zugelassen bzw. nicht berücksichtigt sind, besteht die Möglichkeit, Ausnahmen oder Vereinbarungen in Anspruch zu nehmen.

Innerstaatlich

Bei innerstaatlicher Beförderung finden Ausnahmen entweder nach § 5 GGVS der Rahmenverordnung oder der Gefahrgutausnahmeverordnung (GGAV) Anwendung. Ausnahmen nach § 5 GGVS erteilen die nach Landesrecht zuständigen Behörden (z.B. Regierungspräsidien, Bezirksregierungen).

Zum Beispiel: *Festbeschriebene Ausnahme nach GGAV (Gefahrgutausnahmeverordnung)*

Ausnahme Nr. 55 (S) *(Auszug)*
Beförderungspapier

- Befreiung vom Beförderungspapier
- Verzicht auf Angaben im Beförderungspapier

Grenzüberschreitend

Bei grenzüberschreitenden Beförderungen kann man festbeschriebene ADR-Vereinbarungen in Anspruch nehmen. ADR-Vereinbarungen sind zwischenstaatliche Ausnahmeregelungen.

Zum Beispiel: *ADR-Vereinbarung Nr. 129*

(Klasse 5.1)

1. Abweichend von den Vorschriften der Rn. 2501 des ADR ist kalkhaltiges Ammoniumnitrat, ein Stoff der Klasse 5.1, Ziffer 6c), nicht als gefährliches Gut anzusehen, wenn sein Stickstoffgehalt 28 % nicht übersteigt.
2. Im Beförderungspapier hat der Absender zusätzlich zu vermerken: 'Beförderung vereinbart nach Rn. 2010 des ADR (D 129).'
3. Diese Regelung gilt im Verkehr zwischen der Bundesrepublik Deutschland und Frankreich, sowie Österreich.

Eine ADR-Vereinbarung darf auch national genutzt werden, falls diese Vereinbarung für dieses Land Gültigkeit hat.

Neben den Gefahrguttransportvorschriften gibt es eine Vielzahl zusätzlicher Vorschriften, die bei der Beförderung wichtig sein können.

Gefahrgutbeauftragtenverordnung (GBV)

Die Gefahrgutbeauftragtenverordnung regelt die Voraussetzungen für die Bestellung eines Gefahrgutbeauftragten. Sie beschreibt seine Ausbildung und seine Tätigkeitsmerkmale. Sie regelt ebenfalls die von ihm zu tätigenden Schulungen.

In den Tätigkeitsbereich eines Gefahrgutbeauftragten fallen unter anderem:

- Überwachung und Einhaltung der Gefahrgutvorschriften,
- Schulung der von der Firmenleitung beauftragten Personen (z.B. Disponent),
- Erstellung eines Jahresberichtes,
- Weiterleitung von festgestellten Mängeln an die Geschäftsleitung.

Wasserhaushaltsgesetz (WHG)

Das Wasserhaushaltsgesetz regelt den Schutz der Gewässer vor Verunreinigungen und den Umgang mit wassergefährdenden Stoffen.

Wassergefährdende Stoffe im Sinne des Wasserhaushaltsgesetzes sind feste, flüssige und gasförmige Stoffe, z.B.:

- Säuren und Laugen,
- Alkalimetalle, Halogene und Beisalze,
- Mineral- und Teeröle sowie deren Produkte,
- flüssige sowie wasserlösliche Kohlenwasserstoffe, Alkohole, Ketone, Esther, halogen-, stickstoff- und schwefelhaltige organische Verbindungen,
- Gifte,

die geeignet sind, die physikalische, chemische oder biologische Beschaffenheit des Wassers nachteilig zu verändern.

Wassergefährdende Stoffe werden entsprechend ihrer Gefährlichkeit in 4 Wassergefährdungsklassen (WGK) eingestuft:

- WGK 3: stark wassergefährdend
- WGK 2: wassergefährdend
- WGK 1: schwach wassergefährdend
- WGK 0: im allgemeinen nicht wassergefährdend

Diese Angaben sind im allgemeinen im Unfallmerkblatt enthalten.

Gefahrstoffverordnung

Zweck dieser Verordnung ist es, durch besondere Regelungen über das Inverkehrbringen von gefährlichen Stoffen und Zubereitungen und über den Umgang mit Gefahrstoffen, einschließlich ihrer Aufbewahrung, Lagerung und Vernichtung, den Menschen vor arbeitsbedingten und sonstigen Gesundheitsgefahren und die Umwelt vor stoffbedingten Schädigungen zu schützen.

Beispiel: *Kennzeichnung von Verpackungen mit Gefahrensymbolen nach der Gefahrstoffverordnung*

E

Explosionsgefährlich

O

Brandfördernd

F/F+

Hochentzündlich (F+)
Leichtentzündlich (F)

T+/T

Sehr giftig (T+)
Giftig (T)

Xn/Xi

Mindergiftig (Xn)/
Reizend (Xi)

C

Ätzend

Straßenverkehrsordnung (StVO)

Die Straßenverkehrsordnung beschreibt für den Gefahrguttransport besondere Verkehrszeichen und regelt das besondere Verhalten der Fahrzeugführer bei schlechten Witterungsverhältnissen.

Wasserschutzgebiet

Verbot für Fahrzeuge mit wassergefährdender Ladung

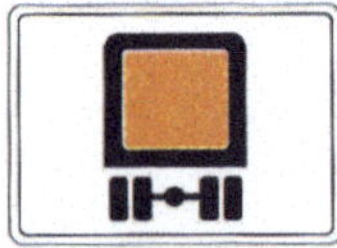

Verbot für kennzeichnungspflichtige Kraftfahrzeuge

Verbot für kennzeichnungspflichtige Kraftfahrzeuge mit gefährlichen Gütern

Verhalten bei schlechten Witterungsverhältnissen (§ 2, § 3, § 5 StVO)

1. Beträgt die Sichtweite durch Nebel, Schneefall oder Regen weniger als 50 m, müssen sich die Führer kennzeichnungspflichtiger Kraftfahrzeuge mit gefährlichen Gütern so verhalten, daß eine Gefährdung anderer ausgeschlossen ist; wenn nötig, ist der nächste geeignete Platz zum Parken aufzusuchen. Gleiches gilt bei Schneeglätte oder Glatteis.

2. Beträgt die Sichtweite durch Nebel, Schneefall oder Regen weniger als 50 m, so darf der Fahrzeugführer nicht schneller als 50 km/h fahren, wenn nicht eine geringere Geschwindigkeit geboten ist.
3. Unbeschadet sonstiger Überholverbote dürfen die Führer von Kraftfahrzeugen mit einem zulässigen Gesamtgewicht über 7.5 t nicht überholen, wenn die Sichtweite durch Nebel, Schneefall oder Regen weniger als 50 m beträgt.

Kreislaufwirtschafts- und Abfallgesetz

Dieses Gesetz regelt unter anderem die geordnete Entsorgung und die Genehmigung für den Transport von Abfällen.
Abfälle im Sinne dieses Gesetzes sind bewegliche Sachen, deren sich der Besitzer entledigen will oder deren geordnete Entsorgung zur Wahrung des Wohls der Allgemeinheit, insbesondere des Schutzes der Umwelt, geboten ist.
Abfalltransporte, für die eine Genehmigungspflicht besteht, müssen mit zwei rechteckigen rückstrahlenden weißen Warntafeln von 40 cm Grundlinie und mindestens 30 cm Höhe versehen sein; die weissen Warntafeln müssen in schwarzer Farbe die Aufschrift **'A'** tragen.

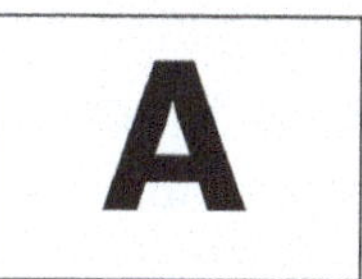

Der Nachweis über die durchgeführte Entsorgung von besonders überwachungsbedürftigen Abfällen wird mit Hilfe der Begleitscheine geführt.

Verordnung brennbarer Flüssigkeiten (VbF)

Diese Verordnung gilt für die Errichtung und den Betrieb von Anlagen zur Lagerung, Abfüllung oder Beförderung brennbarer Flüssigkeiten zu Lande, z.B. die Verwendung von Überfüll-/Abfüllsicherung in Verbindung mit Grenzwertgeber.

Brennbare Flüssigkeiten und entzündbare flüssige Stoffe werden in 4 Gefahrklassen eingeteilt.

Gefahrklasseneinteilung (VbF):

Gefahrklasse B	Flammpunkt unter 21°C, mischbar mit Wasser
Gefahrklasse A I	Flammpunkt unter 21°C, nicht mischbar mit Wasser
Gefahrklasse A II	Flammpunkt von 21°C bis 55°C, nicht mischbar mit Wasser
Gefahrklasse A III	Flammpunkt über 55°C bis 100°C, nicht mischbar mit Wasser

Druckbehälterverordnung

Diese Verordnung regelt die Errichtung und den Betrieb von Druckbehältern, Druckgasbehältern, Füllanlagen und Rohrleitungen sowie für die Ausrüstungsteile von Druckbehältern, Druckgasbehältern und Rohrleitungen, z.B. Herstellungskriterien von Druckbehältern sowie die wiederkehrenden Prüfungen.

Sprengstoffgesetz

Das Sprengstoffgesetz regelt den Umgang mit explosionsgefährlichen Stoffen aus Gründen der öffentlichen Sicherheit, z.B. Schutz von Beschäftigten, Mißbrauch, insbesondere krimineller Art.
Für den Transport von Stoffen der Klasse 1 ist zusätzlich zu der ADR-Bescheinigung in der Regel ein besonderer Befähigungsschein erforderlich.

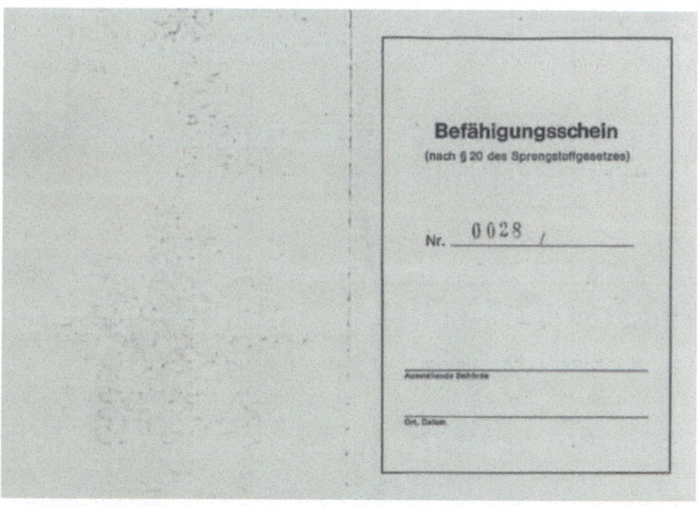

Befähigungsschein
(nach § 20 des Sprengstoffgesetzes)

Nr. 0028 /

Ausstellende Behörde

Ort, Datum

Verlängerungsvermerke

Die Geltungsdauer des Befähigungsscheines wird bis zum ______ verlängert.

______, den ______
Ort Datum

Dienstsiegel

Dienststelle und Unterschrift

Die Geltungsdauer des Befähigungsscheines wird bis zum ______ verlängert.

______, den ______
Ort Datum

Dienstsiegel

Dienststelle und Unterschrift

Die Geltungsdauer des Befähigungsscheines wird bis zum ______ verlängert.

______, den ______
Ort Datum

Dienstsiegel

Dienststelle und Unterschrift

Hinweise:

1. Explosionsgefährliche Stoffe oder Gegenstände dürfen anderen nur überlassen werden, wenn diese Personen zum Erwerb, zur Beförderung oder zum Umgang mit explosionsgefährlichen Stoffen oder Gegenständen dieser Art berechtigt sind (insbesondere Erlaubnisinhaber nach § 7 oder § 27 SprengG).
2. Der Verlust des Befähigungsscheines ist der Behörde, die den Befähigungsschein erteilt hat, unverzüglich anzuzeigen. Der Befähigungsschein ist dieser Behörde zurückzugeben, wenn der Befähigungsschein erloschen, zurückgenommen oder widerrufen worden ist.
3. Beim Umgang und Verkehr mit explosionsgefährlichen Stoffen oder bei der Beförderung dieser Stoffe außerhalb der eigenen Betriebsstätte ist der Befähigungsschein mitzuführen und auf Verlangen dem Beauftragten der zuständigen Behörde vorzulegen.
4. Der Befähigungsschein erlischt, wenn der Befähigungsscheininhaber die Tätigkeit nicht innerhalb eines Jahres nach Ausstellung begonnen oder zwei Jahre lang nicht ausgeübt hat (§ 20 Abs. 4 in Verbindung mit § 11 SprengG).
5. Die Verlängerung der Geltungsdauer des Befähigungsscheines ist mindestens drei Monate vor Ablauf der Gültigkeit zu beantragen.
6. Das Abhandenkommen von explosionsgefährlichen Stoffen ist der zuständigen Behörde unverzüglich anzuzeigen.

Art.-Nr. 11 000 — © Bundesdruckerei

Merke

- Die Vorschriften und Verordnungen für den Transport gefährlicher Güter auf der Straße bringen die Wirtschafts- und Sicherheitsbelange in Einklang.
- Die gesetzlichen Bestimmungen für den innerstaatlichen Transport gefährlicher Güter auf der Straße sind in der GGVS enthalten.
- Die Bestimmungen der GGVS gelten nur für den Transport auf öffentlichen Straßen.
- Bei einem grenzüberschreitenden Transport sind für die gesamte Strecke die Bestimmungen des ADR anzuwenden.
- In der GGVS werden unter anderem die Pflichten und Verantwortungen der an einem Gefahrguttransport Beteiligten festgelegt.
- Die GGVS regelt die Sicherheitspflichten aller am Transport gefährlicher Güter beteiligten Personen.
- Ziel der GGVS ist, ausreichende Sicherheit für alle Beteiligten und der Allgemeinheit zu ermöglichen.

- Das Verkehrszeichen Wasserschutzgebiet bedeutet für den Fahrer, daß er nur mit äußerster Vorsicht weiterfahren darf.

- In der StVO gibt es besondere Verkehrszeichen für kennzeichnungspflichtige Fahrzeuge.

- Wird Abfall als Gefahrgut klassifiziert , dann müssen auch die Vorschriften der GGVS beachtet werden.

Übungsfragen

1. Welcher Klasse sind entzündbare flüssige Stoffe zugeordnet?

☐ *1*
☐ *3*
☐ *7*

2. Welcher Klasse sind giftige Stoffe zugeordnet?

☐ *8*
☐ *6.2*
☐ *6.1*

3. Gibt es neben der GGVS noch andere Vorschriften, die für die Beförderung von Gefahrgütern wichtig sein können?

☐ *ja*
☐ *nein*

4. Das Wasserhaushaltsgesetz regelt:

☐ *A. Den jährlichen Wasserverbrauch.*
☐ *B. Die Finanzierung der Wasserentnahme.*
☐ *C. Den Schutz der Gewässer vor Verunreinigungen.*

Allgemeine Vorschriften

Allgemeine Gefahreigenschaften

Dokumentation

Fahrzeug- & Beförderungsarten, Umschließungen, Ausrüstung

Aufschriften, Bezettelung und Kennzeichnung

Durchführung der Beförderung

Pflichten und Verantwortlichkeiten, Sanktionen

Maßnahmen nach Unfällen und Zwischenfällen

2

Der Tier-, Pflanzen- und Umweltschutz hat in der GGVS einen sehr hohen Stellenwert, da viele Gefahrstoffe für die Umwelt eine große Gefahr darstellen.

- Durch einen Liter Motorenöl können bis zu 1 Mio. Liter Trinkwasser ungenießbar werden.
- Die Beseitigung der Schäden durch Kontaminierung des Erdreiches mit gefährlichen Stoffen ist mit sehr hohen Kosten verbunden.
- Die Tier- und Pflanzenwelt wird durch Umweltschäden in erheblichem Maße gefährdet und bedroht.
- Beim Freiwerden von bestimmten Gasen und Dämpfen und deren Vermischung mit der Luft kann es zu lebensbedrohlichen giftigen, ätzenden und explosiven Gaswolken kommen.

Gefahrgüter haben verschiedenartige Gefahreigenschaften. Zum größtenTeil sind sie chemischer oder physikalischer Natur. Aus diesem Grund ist jedes Gefahrgut in eine **Gefahrklasse** eingestuft und **bezeichnet die Hauptgefahr** eines Stoffes. Sehr viele Stoffe haben neben der **Hauptgefahr** auch **Zusatzgefahren**.
Bei Nichtbeachtung der Verträglichkeit von gefährlichen Gütern untereinander können durch gefährliche Reaktionen weitere Gefahren entstehen. Auch Abfälle, die nach dem Abfallgesetz transportiert werden, können gleichzeitig Gefahrgüter sein.

Wie bereits bekannt, werden alle Gefahrstoffe je nach Hauptgefahr in die einzelnen Gefahrklassen eingeteilt. Eine Unterteilung der Stoffe bezüglich des **Gefährlichkeitsgrades** wird durch **Ziffern** und **Kleinbuchstaben** geregelt.

Beispiele:

- *1553 Arsensäure; Klasse 6.1, Ziffer 51a)*
- *1824 Natronlauge; Klasse 8, Ziffer 42b)*
- *1202 Dieselkraftstoff; Klasse 3, Ziffer 31c)*

Die **letzte Ziffer der Stoffaufzählung** einer jeden Klasse ist für **leere ungereinigte Verpackungen,** einschließlich **Großpackmittel**, leere Tankfahrzeuge, leere Aufsetztanks und leere Tankcontainer reserviert.

Zum Beispiel:
leere ungereinigte Verpackungen Klasse 3, Ziffer 71

Gefahrklasse 1

Explosive Stoffe und Gegenstände mit Explosivstoff

Hauptgefahr: Explosion und extreme Hitze durch Brand oder Verbrennung.

Zusätzliche Gefahren: Können sich aus der Empfindlichkeit der Stoffe und der Verträglichkeit untereinander ergeben. Stoffe und Gegenstände der Klasse 1 sind stoß- und schlagempfindlich. Sie sind auch empfindlich gegen Hitze (Feuer) und Funken.

Stoffe und Gegenstände der Klasse 1 sind aufgrund ihrer Gefährlichkeit in Unterklassen eingestuft:

1.1 Stoffe und Gegenstände, die massenexplosionsfähig sind.

1.2 Stoffe und Gegenstände, die die Gefahr der Bildung von Splittern, Spreng-und Wurfstücken aufweisen, die aber nicht massenexplosionsfähig sind.

1.3 Stoffe und Gegenstände, die eine Feuergefahr besitzen und die entweder eine geringe Gefahr durch Luftdruck oder eine geringe Gefahr durch Splitter, Spreng- und Wurfstücke oder durch beides aufweisen, aber nicht massenexplosionsfähig sind.

1.4 Stoffe und Gegenstände, die auf Grund ihrer geringen Explosionsgefahr keine bedeutsame Gefahr darstellen.

1.5 Sehr unempfindlich massenexplosionsfähige Stoffe. Übergang von Brand zur Detonation ist unter normalen Beförderungsbedingungen sehr gering.

1.6 Extrem unempfindliche Gegenstände, die nicht massenexplosionsfähig sind.

Typische Stoffe:

- *0209 Trinitrotoluen (TNT); Klasse 1, Ziffer 4, 1.1D*
- *0327 Patronen für Waffen; Klasse 1, Ziffer 27, 1.3C*
- *0337 Feuerwerkskörper; Klasse 1, Ziffer 47, 1.4S*

Gefahrklasse 2

Gase

Hauptgefahr: Gase stehen unter Druck (Berstgefahr)

Zusatzgefahren:
- giftig
- ätzend
- oxidierend
- brennbar

Weitere zusätzliche Gefahren können sein:
- extreme Kälte
- erstickende Wirkung
- gesundheitsschädlich

Auf Grund ihrer gefährlichen Eigenschaften sind Stoffe der Klasse 2 unterteilt in:

A = erstickend/*asphyxiant*
O = oxidierend/*oxidizing*
F = entzündbar/*flammable*
TF = giftig, entzündbar/*toxic, flammable*
TC = giftig, ätzend/*toxic, corrosive*
TO = giftig, oxidierend/*toxic, oxidizing*
TFC = giftig, entzündbar, ätzend/*toxic, flammable, corrosive*
TOC = giftig, oxidierend, ätzend/*toxic, oxidizing, corrosive*

Typische Stoffe:
- *1072 Sauerstoff; Klasse 2, Ziffer 1O)*
- *1001 Acetylen; Klasse 2, Ziffer 4F)*
- *1013 Kohlendioxid; Klasse 2, Ziffer 2A)*
- *1978 Propan (Gemisch); Klasse 2, Ziffer 2F)*
- *1017 Chlor; Klasse 2, Ziffer 2TC)*

Gefahrklasse 3

Entzündbare flüssige Stoffe (brennbare Flüssigkeiten)

Hauptgefahr: Brennbarkeit

Zusatzgefahr:
- giftig
- ätzend

Weitere zusätzliche Gefahren können sein:
- gesundheitsschädlich
- wassergefährdend
- Verunreinigung des Erdreiches (kontaminierend)

Gefährlichkeitsgrad:
a = sehr gefährliche Stoffe
b = gefährliche Stoffe
c = weniger gefährliche Stoffe

Typische Stoffe:
- *1203 Benzin; Klasse 3, Ziffer 3b)*
- *1202 Dieselkraftstoff; Klasse 3, Ziffer 31c)*
- *1263 Lacke und Farben (Flammpunkt < 23°C); Klasse 3, Ziffer 5b)*
- *1299 Terpentin; Klasse 3, Ziffer 31c)*
- *1988 Aldehyde; Klasse 3, Ziffer 17a)*

Gefahrklasse 4.1

Entzündbare feste Stoffe

Hauptgefahr: Feuergefährlich

Zusatzgefahren:
- giftig
- ätzend

Weitere zusätzliche Gefahren können sein:
- Staubexplosion
- Explosion in trockenem Zustand
- leicht entzündbar durch Zündquellen
- bei Brand, Gefahr giftiger und ätzender Gase.

Gefährlichkeitsgrad:
a = sehr gefährlich
b = gefährlich
c = weniger gefährlich

Typische Stoffe:
- *1309 Aluminiumpulver; Klasse 4.1, Ziffer 13b)*
- *1944 Sicherheitszündholzer; Klasse 4.1, Ziffer 2c)*
- *1571 Bariumazid; Klasse 4.1, Ziffer 25a)*
- *3175 Ölfilter; Klasse 4.1, Ziffer 4c)*

Gefahrklasse 4.2

Selbstentzündliche Stoffe

Hauptgefahr: Selbstentzündlich

Zusatzgefahren:
- giftig
- ätzend
- entzündliche Gase bei Berührung mit Wasser

Weitere zusätzliche Gefahren können sein:
- Freigabe von Sauerstoff
- Möglichkeit einer heftigen Reaktion mit Wasser
- Selbstentzündung durch Eigenwärme

Gefährlichkeitsgrad:
a = selbstentzündlich (pyrophor)
b = selbsterhitzungsfähig
c = weniger selbsterhitzungsfähig

Typische Stoffe
- *1373 ölhaltige Putzlappen; Klasse 4.2, Ziffer 3c)*
- *1381 Phosphor weiß trocken; Klasse 4.2, Ziffer 11a)*
- *1361 Kohle; Klasse 4.2, Ziffer 1b)*

Gefahrklasse 4.3

Stoffe, die in Berührung mit Wasser entzündliche Gase entwickeln

Hauptgefahr: Entwicklung gefährliche Gase bei Berührung mit Wasser

Zusatzgefahren:
- brennbar
- giftig
- ätzend
- selbstentzündlich

Gefährlichkeitsgrad:
a = sehr gefährlich
b = gefährlich
c = weniger gefährlich

Typische Stoffe:
- *1402 Calciumcarbid; Klasse 4.3, Ziffer 17b)*
- *1436 Zinkpulver; Klasse 4.3, Ziffer 14c)*
- *1428 Natrium; Klasse 4.3, Ziffer 11a)*
- *1418 Magnesiumpulver; Klasse 4.3, Ziffer 14b)*

Gefahrklasse 5.1

Entzündend (oxidierend) wirkende Stoffe

Hauptgefahr: Oxydierend

Zusatzgefahren:
- giftig
- ätzend

Weitere zusätzliche Gefahren können sein:
- explosionsfähig
- gesundheitsschädlich
- Stoß, Reibung und Vermischung mit anderen Stoffen kann zu einer Entzündung führen

Gefährlichkeitsgrad:
a = stark entzündend (oxydierend) wirkend
b = entzündend (oxydierend) wirkend
c = schwach entzündend (oxydierend) wirkend

Typische Stoffe:
- *2067 Ammoniumnitrathaltige Düngemittel; Klasse 5.1, Ziffer 21c)*
- *2015 Wasserstoffperoxid, stabilisiert; Klasse 5.1, Ziffer 1a)*
- *1463 Chromsäure, fest; Klasse 5.1, Ziffer 31b)*

Gefahrklasse 5.2

Organische Peroxide

Hauptgefahr: Oxydation

Zusatzgefahren:
- ätzend
- explosiv

Weitere zusätzliche Gefahren können sein:
- brennbar
- explosionsfähig
- Stoß, Reibung und Vermischung mit anderen Stoffen kann zur Entzündung führen
- Gefahr von Verätzung der Augen

WICHTIG !
Einige Peroxide dürfen nur unter Temperaturkontrolle befördert werden.

Typische Stoffe:
- *3108 Organisches Peroxid Typ E, fest wie: Dibenzoylperoxid (Kunststoffkleber); Klasse 5.2, Ziffer 8b)*

In dieser Klasse haben die Kleinbuchstaben keine besondere Bedeutung.

Gefahrklasse 6.1

Giftige Stoffe

Hauptgefahr: Giftig

Zusatzgefahren:

- brennbar
- ätzend
- gesundheitsschädlich (schwach giftig)

Weitere zusätzliche Gefahren können sein:

- feuergefährlich
- giftige Gase bei Berührung mit Wasser

WICHTIG !

Sehr giftige flüssige Stoffe mit einem Flammpunkt unter 23°C werden der Gefahrklasse 6.1 (Ziffern 1 bis 10) zugeordnet. Giftige flüssige Stoffe mit einem Flammpunkt unter 23°C und schwach giftige flüssige Stoffe mit einem Flammpunkt von 23°C bis einschließlich 61°C werden in der Regel der Gefahrklasse 3 zugeordnet.

Gefährlichkeitsgrad:

a = sehr giftig
b = giftig
c = schwach giftige Stoffe

Typische Stoffe:

- *1547 Anilin; Klasse 6.1, Ziffer 12b)*
- *1553 Arsensäure; Klasse 6.1, Ziffer 51a)*
- *2996 Lindan; Klasse. 6.1, Ziffer 72c)*
- *1649 Ethylfluid (Antiklopfmittel); Klasse 6.1, Ziffer 31a)*

Gefahrklasse 6.2

Ansteckungsgefährliche Stoffe

Hauptgefahr: Ansteckungsgefahr

Zusatzgefahren: keine

Stoffe der Klasse 6.2 sind aufgrund ihrer Gefährlichkeit in Risikogruppen unterteilt:

I geringe individuelle Gefahr, geringe Gefahr für die Allgemeinheit

II mäßige individuelle Gefahr, begrenzte Gefahr für die Allgemeinheit

III hohe individuelle Gefahr, geringe Gefahr für die Allgemeinheit

IV hohe individuelle Gefahr, hohe Gefahr für die Allgemeinheit

In dieser Klasse sind ansteckungsgefährliche Stoffe mit hohem Gefährdungspotential den Ziffern 1 und 2 zugeordnet. Sonstige ansteckungsgefährliche Stoffe sind den Ziffern 3b und 4b als gefährliche Stoffe zugeordnet.

Typische Stoffe:

- *gereinigte Knochen*
- *rohe Schweinsborsten;*
- *Anatomische Bestandteile von verendeten Tieren*

Gefahrklasse 7

Radioaktive Stoffe

Hauptgefahr: Radioaktive Strahlung

Zusatzgefahren:
- Wärmeerzeugung
- Gesundheitliche Langzeitschäden (Krebsleiden)

Schutz vor radioaktiven Strahlen sind durch:

- räumlichen Abstand zur strahlenden Masse,
- zeitlichen Abstand zur strahlenden Masse,
- Tragen von Schutzkleidung

zu erreichen.

Typische Stoffe:
- *2974 Radioaktive Stoffe; Klasse 7, Blatt 9*
- *2977 Uranhexafluorid; Klasse 7, Blatt 12*
- *2910 Radioaktive Stoffe in Instrumenten; Klasse 7, Blatt 2*

Gefahrklasse 8

Ätzende Stoffe

Hauptgefahr: Ätzend

Zusatzgefahren:
- giftig
- feuergefährlich
- oxydierend

Weitere zusätzliche Gefahren können sein:
- Zerstörung der Haut
- Verätzung von Metall
- Möglichkeit heftiger Reaktionen untereinander
- Entwicklung giftiger Gase durch chemische Reaktion

WICHTIG !
Ätzende flüssige Stoffe mit einem Flammpunkt unter 23°C und schwach ätzende flüssige Stoffe mit einem Flammpunkt von 23°C bis einschließlich 61°C werden in der Regel der Gefahrklasse 3 zugeordnet.

Gefährlichkeitsgrad:
a = stark ätzend
b = ätzend
c = schwach ätzend

Typische Stoffe:
- *1805 Phosphorsäure; Klasse 8, Ziffer 17c)*
- *1824 Natronlauge; Klasse 8, Ziffer 42c)*
- *2796 Schwefelsäure; Klasse 8, Ziffer 1b)*
- *2031 Salpetersäure (mehr als 70% reiner Säure); Klasse 8, Ziffer 2a)*

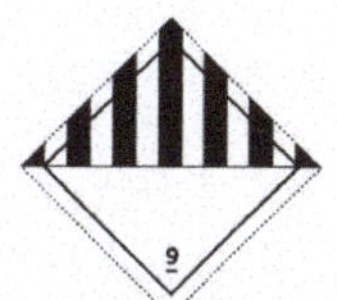

Gefahrklasse 9

Verschiedene gefährliche Stoffe und Gegenstände

Der Begriff der Klasse 9 umfaßt Stoffe und Gegenstände, die während der Beförderung eine Gefahr darstellen, aber nicht unter die Begriffe anderer Klassen fallen.

Gefahreigenschaften dieser Klasse können sein:

- Dioxinentwicklung im Brandfall
- Krebserkrankung durch Einatmen von Asbestteilchen
- Abgabe von entzündbaren Dämpfen
- Wasserverunreinigung durch flüssige oder feste Stoffe

Gefährlichkeitsgrad:

b = gefährliche Stoffe

c = weniger gefährliche Stoffe

Typische Stoffe

- *2212 Asbest; Klasse 9, Ziffer 1b)*
- *2315 Polychlorierte Biphenyle (PCB); Klasse 9, Ziffer 2b)*
- *3090 Lithiumbatterien; Klasse 9, Ziffer 5)*

Merke

- Gefahrstoffe werden nach ihren Hauptgefahren den entsprechenden Gefahrklassen zugeordnet.
- Stoffe können neben der Hauptgefahr auch noch eine oder mehrere Zusatzgefahren aufweisen.
- Stoffe können durch ihre Unverträglichkeit untereinander gefährlich reagieren.
- Durch das Eindringen von Gefahrgut in das Erdreich können Pflanzen geschädigt und das Grundwasser verunreinigt werden.
- Beim Austreten von Gefahrgut können die Allgemeinheit und Gemeingüter (z.B. Trinkwasser) gefährdet werden.
- Gelangt Heizöl in das Wasser, dann entsteht ein Ölfilm, der große Mengen Wasser verunreinigt.
- Stoffe der Klasse 3 verunreinigen Wasser und machen es ungenießbar.
- Durch Gefahrstoffe können Kleinstlebewesen geschädigt, die Nahrungskette gefährdet und die Umwelt zerstört werden.

- Ist ein Abfall als Gefahrgut klassifiziert, müssen neben den Abfallvorschriften zusätzlich die Vorschriften der GGVS beachtet werden.

- Die Kleinbuchstaben a, b, c hinter den Ziffern geben den Gefährlichkeitsgrad eines Stoffes an.

- Da die meisten Gase stabil und schwerer als Luft sind, besteht immer Erstickungsgefahr.

- Stoffe mit einem niedrigen Flammpunkt sind gefährlicher, als die mit einem höheren Flammpunkt.

- Ein brennbarer Stoff kann nur in Verbindung mit Luft und einer Zündquelle entzündet werden.

- Beim Aufwirbeln von brennbaren Stäuben kann es zu Staubexplosionen kommen.

- Verbrennungen auf der Haut können durch die Einwirkung von selbstentzündlichen Stoffen entstehen.

- Brennbare Stoffe dürfen aufgrund der Unverträglichkeit nicht mit Gütern der Klasse 5.1 in Berührung kommen.

- Als Toxizität bezeichnet man die Giftigkeit eines Stoffes.

- Giftige Stoffe können durch Einatmen, Verschlucken und über die Haut in den Körper gelangen.

- Ätzende Stäube könne an feuchten Körperteilen Verätzungen hervorrufen.

- Wenn ein ätzender Stoff mit der Haut in Verbindung kommt, wird die Haut zerstört.

- Beim Auftreten von ätzenden Dämpfen kann es durch Einatmen zur Zerstörung der Schleimhäute kommen.

- Durch Einatmen von Asbestpartikeln kann die Gesundheit gefährdet werden (Krebsgefahr).

Übungsfragen

1. Sie befördern eine Ladung der Gefahrgutklasse 8.

   Was ist die Hauptgefahr?

   Welche Nebengefahren sind möglich?

2. Sie befördern ein Gefahrgut der Gefahrgutklasse 6.1.

   Was ist die Hauptgefahr?

   Welche Nebengefahren sind möglich?

3. Was bedeuten in der Klasse 6.1 die Kleinbuchstaben:

a

b

c

4. Sie befördern Abfall, der eine brennbare Flüssigkeit mit einem Flammpunkt unter 61°C enthält. Welche Vorschriften sind zu beachten?

- [ ] *nur das Abfallgesetz*
- [ ] *nur GGVS/ADR*
- [ ] *Abfallgesetz und GGVS/ADR*

Allgemeine Vorschriften

Allgemeine Gefahreigenschaften

Dokumentation

Fahrzeug- & Beförderungsarten, Umschließungen, Ausrüstung

Aufschriften, Bezettelung und Kennzeichnung

Durchführung der Beförderung

Pflichten und Verantwortlichkeiten, Sanktionen

Maßnahmen nach Unfällen und Zwischenfällen

Begleitpapiere

Für die Beförderung von Gefahrgütern auf der Straße sind eine Anzahl von Begleitpapieren erforderlich. Sie sind grundsätzlich mitzuführen und auf Verlangen den zuständigen Überwachungsorganen (z.B. Polizei, BAG) auszuhändigen.

Begleitpapiere

- Beförderungspapier
- Unfallmerkblätter
- ADR-Bescheinigung
- Bescheinigung der besonderen Zulassung (B.3 Bescheinigung)
- Fahrwegbestimmung nach § 7 GGVS.
- Bescheid der Ausnahmegenehmigung nach § 5 GGVS **nur innerstaatlich**
- Kopie einer ADR-Vereinbarung
- Kopie einer Genehmigung für bestimmte Stoffe der Klasse 1 (Rn 2110)
- Kopie einer Genehmigung für bestimmte Stoffe der Klasse 5.2 (Rn 2561)
- Kopie einer Genehmigung für bestimmte Stoffe der Klasse 7 (Rn 2716)
- Container – Packzertifikat

Beförderungspapier

Ein Beförderungspapier ist generell für alle Gefahrguttransporte vorgeschrieben. Die GGVS und das ADR schreiben für das Beförderungspapier keine bestimmte Form vor. Jeder Frachtbrief, Lieferschein etc., der für einen allgemeinen Transport verwandt wird, kann auch im Gefahrguttransport als Beförderungspapier eingesetzt werden. In diesem Fall müssen gefahrgutspezifische Angaben gemacht werden. Die erforderlichen Angaben dienen als wichtige Information für die am Transport beteiligten Personen und den Unfallhilfsdiensten, wie z.B. Feuerwehr, Notarzt und Polizei. Das Beförderungspapier muß vom Beförderer vor Fahrtantritt an den Fahrer übergeben werden.

Folgende Angaben sind im Beförderungspapier vorgeschrieben:

1. Die Bezeichnung des Gutes einschließlich der Kennzeichnungsnummer des Stoffes (sofern vorhanden).
2. Die Klasse, die Ziffer der Stoffaufzählung, sowie gegebenenfalls den Buchstaben.
3. Die Großbuchstaben ADR.
4. Die Anzahl und Beschreibung der Versandstücke oder der Großpackmittel (IBC).
5. Die Bruttomasse, sowie für explosive Stoffe und Gegenstände die Netto-Explosivstoffmasse in Gramm oder Kilogramm.
6. Den Namen und die Anschrift des Absenders.
7. Den Namen und die Anschrift des Empfängers.
8. Eine Erklärung entsprechend den Vorschriften einer Sondervereinbarung.

Kann eine Ladung wegen ihrer Größe nicht auf eine Beförderungseinheit geladen werden, sind für alle Beförderungseinheiten Beförderungspapiere oder Abschriften anzufertigen.
Beim grenzüberschreitenden Verkehr müssen die Angaben im Beförderungspapier in einer amtlichen Sprache des Versandlandes abgefaßt sein. Ist diese Sprache nicht Englisch, Französisch oder Deutsch, zusätzlich in einer dieser Sprachen. Ein Frachtbrief in spanischer Sprache zum Beispiel, muß zusätzlich in englischer, französischer oder deutscher Sprache abgefaßt sein.

Befreiung vom Beförderungspapier

Ein Beförderungspapier ist nicht erforderlich, wenn die Menge des beförderten Gutes nach der Tabelle der 'begrenzten Mengen' Rn 10011 nicht überschritten wird [Ausnahme Nr.55 (S) GGAV].

Mögliche Zusatzangaben im Beförderungspapier

Innerstaatlich und grenzüberschreitend

- Beförderung auf **Teilstrecke Eisenbahn**:
  Bei Beförderung auf einer Teilstrecke mit der Eisenbahn sind die Abkürzungen **RID** zu verwenden.
- Beförderung von/zu einem **See- oder Flughafen**:
  Entsprechen die Verpackungs-, Aufschriften-, Bezettelungs- und Zusammenpackvorschriften für Versandstücke einschließlich Großpackmittel (IBC), Container und Tankcontainer nicht vollinhaltlich den Vorschriften des ADR, dürfen die see- bzw. luftrechtlichen Vorschriften angewendet werden.

Angaben im Beförderungspapier: 'Beförderung nach Rn. 2007 des ADR.'

- Klasse 2:
  Bei Gasgemischen muß die Zusammensetzung in Vol-% oder Masse-% angegeben werden.
  Angaben im Beförderungspapier : 'Gasgemisch Vol-% (Masse-%) = ...'

- Klasse 5.2:
  Während der Beförderung von organischen Peroxiden sind die Kontroll- und Notfalltemperaturen anzugeben.

  Angaben im Beförderungspapier:
  Kontrolltemperatur: ....°C
  Notfalltemperatur: ....°C

- Bei der Beförderung von den in den a-Randnummern festgelegten Bestimmungen ist der Zusatz 'begrenzte Menge' anzugeben

- Güter für die § 7 gilt:
  Bei der Beförderung zum oder vom nächstgelegenen geeigneten Bahnhof oder Hafen muß im Beförderungspapier die Bezeichnung des Bahnhofs oder Hafens angegeben werden und zusätzlich 'Beförderung nach § 7 Abs. 4 Nr. 2 GGVS' vermerkt sein.

- Absendererklärung (im Beförderungspapier oder einem gesonderten Papier):

  'Das zur Beförderung aufgegebene Gut ist nach den Vorschriften des ADR zur Beförderung auf der Straße zugelassen. Der Zustand, die Beschaffenheit, die Verpackung, das Großpackmittel (IBC), der Tankcontainer, das Zusammenpacken, die Aufschriften und die Bezettelung entsprechen den Vorschriften des ADR.'

  Im Falle der nach Rn. 10011 vorgesehenen Befreiung ist in das Beförderungspapier zusätzlich zu vermerken: **'Beförderung ohne Überschreitung der nach Rn. 10011 festgesetzten Freigrenze', sowie die Gesamtmenge in Form des errechneten Wertes.**

Wenn einer Beförderung gefährlicher Güter in Großcontainern eine Seebeförderung folgt, ist dem Beförderungspapier ein **Container Packzertifikat** beizugeben, in dem bestätigt wird, daß die Versandstücke fest gepackt, ausreichend gesichert und gestaut sind.

Innerstaatlich

- Gefahrgutausnahmeverordnung (GGAV):
  Bei der Beförderung von Gefahrgut nach der Gefahrgutausnahmeverordnung können Zusatzangaben im Beförderungspapier erforderlich sein.
  Zum Beispiel bei der Nutzung der Ausnahme Nr. 55 (S)
  Beförderungspapier: 'Ausnahme Nr. 55'

FRACHTBRIEF für den gewerblichen Güterfernverkehr

NR.

Ordnungs-Nr. d. Genehmig.

Ⓐ **Absender** Name und Postanschrift
Fa. Georg Schmidt AG
Wohlgelegen 26
68309 Mannheim

Ⓑ **Versandort**
Belade-Stelle
Gemeinde-Tarifbereich

Ⓒ **Empfänger** Name und Postanschrift
Fa. Friedrich Müller GmbH
Sandstraße 47
64646 Meppenheim

Ⓓ **Bestimmungsort**
Entlade-Stelle
Gemeinde-Tarifbereich

Ⓝ km **Tarifentfernung**

Amtl. Kennz. LKW	Nutzlast
Anh.	
LKW	
Anh.	

Ⓔ **Erklärungen, Vereinbarungen** (ggf. Hinweis auf Spezialfahrzge.)

Ⓕ **Weitere Beladestellen** (§ 20 KVO)

Ⓖ **Weitere Entladestellen** (§ 20 KVO)

KFZ-Wechsel in

Fahrzeug-Führer

Begleiter

Fahrten-buch-Nr.

Ⓗ **Bezeichnung der Sendung**

Anzahl, Art, Verpackung	Zeichen Nr.	Inhalt (tarifmäßige Bezeichnung)	Güterart-Nr.	Bruttogewicht kg
25 Fässer		2015 Wasserstoffperoxid Stabilisiert		10.000Kg
		Kl. 5.1 Ziff. 1a, ADR		

Beladung Fahrzeug bereitgestellt Tag Stunde

Beladung beendet Tag Stunde

Entladung Fahrzeug bereitgestellt Tag Stunde

Entladung beendet Tag Stunde

Ⓘ **Freivermerk**

Ⓚ **Nachnahme DM**

Ⓛ **Ort und Tag der Ausstellung**
__________, den __________

Unterschrift des Absenders

Ⓜ **Empfang der Sendung bescheinigt**
__________, den __________

Unterschrift des Empfängers

Ⓞ **Gut und Frachtbrief übernommen.**
Tag __________ Stunde

Anschrift und Unterschrift des Unternehmers

Ⓟ **Frachtberechnung** (in Reihenfolge der Zeilen 16-20)

frachtpfl. Gewicht kg	Ladungskl. bzw. AT	Gew Klasse	Frachtsatz Pf/100 kg	errechnete Fracht DM	Marge ± %	vereinbarte Fracht DM	Zuschläge gemäß	%	DM	Summe DM	Werbe- u. Abfertigungs-vergütung (WAV) %	DM

Zwischensumme DM	
Nebengebühr, Zuschlag Ziffer	
Nebengebühr, Zuschlag Ziffer	
Zwischensumme DM	
·/. WAV	
Nettoentgelt	
Umsatzsteuer	
Beförderungsentgelt	

SVG

SVG AUTOHOF HESSEN GMBH, Königsberger Straße 1-3, 6000 Frankfurt/M. 93

Klasse: Ziffer: Buchstabe: GGVS:

Für den Empfänger: rot
Für den Unternehmer: grün
Für die Tarifüberwachung: weiß
Für den Absender: gelb

Der Frachtbrief ist genau auszufüllen (§§ 10-13 KVO). Radieren unzulässig. Änderungen mit Unterschrift bescheinigen.

Die mit fett gedruckten Linien eingerahmten Rubriken müssen vom Frachtführer ausgefüllt werden.

Begleitschein **Beleg zum Nachweis der Entsorgung von Abfällen/Verwertung von Reststoffen** **Anlage 6**

Diese Ausfertigung (weiß) ist mit der Unterschrift des Beförderers im Nachweisbuch des Erzeugers abzuheften.

Nr.: 7400 0165101 | 1

① **Abfall-/Reststoffart**: ÖLFILTER

② **Abfall-/Reststoffschlüssel**

③ **Menge** — Tonnen (t): 3,5 — Kubikmeter (m^3): ,

④ **Entsorgungs-/Verwertungsnachweisnummer**

⑤ **Amtliches Kennzeichen des Fahrzeuges** — Zugmaschine — Anhänger, Auflieger

⑥ **Erzeugernummer**

Datum der Übergabe — Tag | Monat | Jahr

⑦ **Beförderernummer**

Datum der Übernahme — Tag | Monat | Jahr

⑧ **Entsorger-/Verwerternummer**

Datum der Annahme — Tag | Monat | Jahr

⑨ **Erzeuger** (Absender)
(Name, Anschrift oder Stempel)

Werkstatt GmbH
Golfstraße 20
68309 Mannheim

⑫ Versicherung der richtigen Deklarierung

Unterschrift

⑩ **Beförderer**
(Name, Anschrift oder Stempel)

⑬ Versicherung der ordnungsgemäßen Beförderung

Unterschrift

⑪ **Entsorger/Verwerter**
(Name, Anschrift oder Stempel)

Entsorgungs GmbH
An der Müllhalde 10
67120 Ludwigshafen

⑭ Versicherung der Annahme zur ordnungsgemäßen Entsorgung/Verwertung

Unterschrift

Frei für Vermerke

⑮ Übernahmeschein-Nummern, Schiffsregister-Nummer

ADR: Kl. 4.1 Ziff. 4c
Besondere Hinweise:
3175 Abfall, enthält: Fester Stoff oder Gemisch aus festen Stoffen, der entzündbare flüssige Stoffe mit einem Flammpunkt von höchstens 61°C enthält, n.a.g. 3 metallene IBC 4800 Kg Bruttomasse

Unfallmerkblatt (schriftliche Weisungen)

Bei Unfällen bzw. Zwischenfällen, die sich während des Transportes ereignen können, ist es entscheidend, sofort geeignete Maßnahmen zu ergreifen, um den Schaden auf ein Minimum zu begrenzen. Hierfür wurden Unfallmerkblätter (schriftliche Weisungen) entwickelt. Sie dienen dem Fahrer, Beifahrer und den Hilfsorganisationen als wichtige Informationsquelle.

Unfallmerkblätter werden vom Absender für jedes gefährliche Gut oder jede Gruppe (Klasse) von gefährlichen Gütern in der Sprache, die der Fahrzeugführer lesen und verstehen kann (amtliche Sprache eines ADR-Staates) erstellt.

Im grenzüberschreitenden Verkehr sind Unfallmerkblätter in den Sprachen der Herkunfts-, Durchgangs- und Bestimmungsländer mitzuführen.

Der Beförderer hat darauf zu achten, daß die Unfallmerkblätter vor Beförderungsbeginn in den Besitz der Fahrzeugführer gelangen. Fahrzeugführer müssen fähig sein, sie zu verstehen und sie richtig anzuwenden und im Fahrerhaus so aufzubewahren, daß sie leicht auffindbar sind.

Werden bei einer Beförderurnicht benötigte Unfallmerkblätter im Führerhaus mitgeführt, so sind diese getrennt von den tatsächlich benötigten Dokumenten aufzubewahren.

Unfallmerkblätter sind immer dann erforderlich, wenn:

- die beförderte Menge in der Tabelle der **'begrenzten Mengen'** überschritten wird;
- gefährliche Güter für die § 7 gilt (Fahrwegbestimmung), befördert werden.

Sammelunfallmerkblatt

Außer den stoffbezogenen oder gruppen-/klassenbezogenen Unfallmerkblättern kann im innerstaatlichen Transport unter den Bedingungen der Ausnahme Nr. 35 (S) GGAV ein sogenanntes 'Sammelunfallmerkblatt' verwendet werden.
Es gilt für Versandstücke verschiedener gefährlicher Güter der Klassen 2, 3, 4.1, 4.2, 4.3, 5.1, 6.1, 6.2, 8 und 9.

Voraussetzungen für die Anwendung:

- Der Beförderer muß dem Fahrer das Sammelunfallmerkblatt übergeben.
- Vor Beförderungsbeginn hat der Fahrer vom Inhalt Kenntnis zu nehmen und es im Führerhaus mitzuführen.
- Überschreitet die Bruttomasse des einzelnen gefährlichen Gutes 1000 kg oder gilt für die Beförderung § 7 der GGVS, muß zusätzlich zu den Sammelunfallmerkblättern ein stoff- oder klassen- /gruppenbezogenes Unfallmerkblatt mitgeführt werden.

Unfallmerkblatt für den Straßentransport

Klasse 3, Ziffer 17b

METHANOL

336
1230

Eigenschaften des Ladegutes
- Farblose Flüssigkeit

Art der Gefahr
- Leicht entzündbar
- Auslaufende Flüssigkeit verdampft – große Explosionsgefahr
- Bildet mit Luft explosionsartige Gemische - auch in leeren, ungereinigten Behältern
- Erhitzen führt zu Drucksteigerung – Berst- und Explosionsgefahr
- Schwere, evtl. tödliche Vergiftungen durch Verschlucken
  Vergiftungssymptome können auch erst nach vielen Stunden auftreten
- Flüssigkeit reizt die Augen stark
- Dämpfe können Rauschzustände verursachen
- Gefahr für Gewässer und Umwelt

Persönliche Schutzausrüstung
- Warnweste
- Geeigneter Atemschutz
- Dichtschließende Schutzbrille
- Geeignete Handschuhe aus Leder oder dickem Stoff und antistatische Stiefel
- Leichter Schutzanzug
- Augenspülflasche mit geeigneter Flüssigkeit
- Handlampe

NOTMASSNAHMEN

Sofort Feuerwehr und Polizei benachrichtigen

Polizei 110
Feuerwehr 112

Allgemeine Maßnahmen
- Motor abstellen
- Keine offenen Flammen, Rauchverbot
- Warnzeichen auf der Straße aufstellen und andere Verkehrsteilnehmer und Passanten warnen
- Öffentlichkeit über die Gefahren informieren und darauf hinweisen, sich auf der dem Wind zugewandten Seite aufzuhalten

Zusätzliche und/ oder besondere Maßnahmen

Selbstschutz beachten

Ausrüstung
Kanalisationsabdeckungen
Schaufel – Besen
Auffangbehälter

- Wenn möglich, Undichtigkeiten beseitigen
- Alle Zündquellen entfernen oder unwirksam machen (z. B. Blinklichter, Motore ausschalten)
- Eindringen von Flüssigkeit in Kanalisationen, Gruben, Keller wenn möglich verhindern – Dämpfe verursachen Explosionsgefahr
- Kanalisation abdecken und Keller evakuieren lassen
- Alle warnen - Explosionsgefahr

Feuer
- Nur Entstehungsbrände löschen
- Keine Ladungsbrände löschen

Erste Hilfe
- Falls Produkt in Augen gelangt, mit viel Wasser mehrere Minuten ausspülen
- Durchtränkte Kleidungsstücke unverzüglich entfernen
- Ärztliche Hilfe erforderlich bei Symptomen, die offensichtlich auf Einatmen oder Einwirkung auf Haut oder Augen zurückzuführen sind

Zusätzliche Hinweise

Schutz der Öffentlichkeit
2 selbststehende Warnzeichen

Telefonische Rückfrage

Telefonnummer und Anschrift des Beförderers (bei Verwendung einfügen)

Gilt nur während des Straßentransports

Unfallmerkblatt für den Straßentransport
Klasse 2, Ziffer 2F

Entzündbare Gase

23
1010

1011
1012
1027
1032
1033
1039
1041
1055
1060
1061

Eigenschaften des Ladegutes

- Farblos, oft geruchlos, unter Druck verflüssigte Gase

Art der Gefahr

- Leicht entzündbar
- Gase sind unsichtbar, schwerer als Luft und breiten sich am Boden aus
- Bilden mit Luft explosionsartige Gemische, auch in leeren, ungereinigten Behältern
- Erhitzen führt zu Drucksteigerung – erhöhte Berst- und Explosionsgefahr
- Flüssigkeit verursacht schwere Augenschäden

Persönliche Schutzausrüstung

- Warnweste
- Dichtschließende Schutzbrille
- Geeignete Handschuhe aus Leder oder dickem Stoff und antistatische Stiefel
- Leichter Schutzanzug
- Augenspülflasche mit geeigneter Flüssigkeit
- Handlampe

NOTMASSNAHMEN
Sofort Feuerwehr und Polizei benachrichtigen

Polizei 110
Feuerwehr 112

Allgemeine Maßnahmen

- Motor abstellen
- Keine offenen Flammen, Rauchverbot
- Warnzeichen auf der Straße aufstellen und andere Verkehrsteilnehmer und Passanten warnen
- Öffentlichkeit über die Gefahren informieren und darauf hinweisen, sich auf der dem Wind zugewandten Seite aufzuhalten

Zusätzliche und/oder besondere Maßnahmen

Selbstschutz beachten

- Wenn möglich, Undichtigkeiten beseitigen
- Alle Zündquellen entfernen oder unwirksam machen (z. B. Blinklichter, Motore ausschalten)
- Eindringen von Flüssigkeit in Kanalisationen, Gruben, Keller wenn möglich verhindern – Dämpfe verursachen Explosionsgefahr
- Alle warnen - Explosionsgefahr

Feuer

- Nur Entstehungsbrände löschen
- Keine Ladungsbrände löschen

Erste Hilfe

- Durchtränkte Kleidungsstücke unverzüglich entfernen
- Ärztliche Hilfe erforderlich bei Symptomen, die offensichtlich auf Einatmen oder Einwirkung auf Haut oder Augen zurückzuführen sind

Zusätzliche Hinweise

Schutz der Öffentlichkeit
2 selbststehende Warnzeichen

Telefonische Rückfrage

Telefonnummer und Anschrift des Beförderers (bei Verwendung einfügen)

Gilt nur während des Straßentransports

Sammelunfallmerkblatt

Sammelladung gefährlicher Güter in Versandstücken für die Klassen 2, 3, 4.1 *), 4.2, 4.3, 5.1, 5.2 *), 6.1, 6.2, 8 und 9

Eigenschaften des Ladegutes

- Die Substanzen können Flüssigkeiten, feste Stoffe oder Gase sein. Ihre Eigenschaften sind aus Spalte 3, ihre Kennzeichnung (Gefahrzettel) aus Spalte 1 der Rückseite zu ersehen.

Art der Gefahr

- Stoffe können explosionsgefährlich entzündbar, selbstentzündlich, giftig, ansteckungsgefährlich oder ätzend sein oder die Verbrennung fördern oder sich zersetzen.
- Sie können die Umwelt verunreinigen, sie können explosionsfähige Gemische mit Luft bilden, sie können miteinander oder mit Wasser reagieren.
- Erwärmung und Kontakt mit Chemikalien, auch in kleinen Mengen, kann zum Behälterzerknall, zur Explosion, Zersetzung und/oder Bildung von giftigen Gasen/Dämpfen führen. Mögliche Gefahr für Gewässer und Umwelt. (Vgl. Gefahrenangaben zu den einzelnen Gefahrklassen bzw. Gefahrzetteln auf der Rückseite in Spalte 3)

Persönliche Schutzausrüstung

- Warnweste
- Geeigneter Atemschutz
- Dichtschließende Schutzbrille
- Geeignete Handschuhe aus Kunststoff oder Gummi und antistatische Stiefel
- Leichter geeigneter Schutzanzug
- Augenspülflasche mit geeigneter Flüssigkeit
- Handlampe

NOTMASSNAHMEN

Sofort Feuerwehr und Polizei benachrichtigen

Polizei 110
Feuerwehr 112

Allgemeine Maßnahmen

- Motor abstellen
- Keine offenen Flammen, Rauchverbot
- Warnzeichen auf der Straße aufstellen und andere Verkehrsteilnehmer und Passanten warnen
- Öffentlichkeit über die Gefahren informieren und darauf hinweisen, sich auf der dem Wind zugewandten Seite aufzuhalten

Zusätzliche und/ oder besondere Maßnahmen

Selbstschutz beachten

Ausrüstung
Kanalisationsabdeckungen
Schaufel – Besen
Auffangbehälter

- Wenn möglich, Undichtigkeiten beseitigen
- Alle Zündquellen entfernen oder unwirksam machen (z. B. Blinklichter, Motore ausschalten)
- Eindringen von Flüssigkeit in Kanalisationen, Gruben, Keller wenn möglich verhindern – Dämpfe verursachen Explosionsgefahr
- Kanalisation abdecken

Feuer

- Nur Entstehungsbrände löschen
- Keine Ladungsbrände löschen

Erste Hilfe

- Falls Produkt in Augen gelangt, mit viel Wasser mehrere Minuten ausspülen
- Durchtränkte Kleidungsstücke unverzüglich entfernen
- Ärztliche Hilfe erforderlich bei Symptomen, die offensichtlich auf Einatmen oder Einwirkung auf Haut oder Augen zurückzuführen sind

Zusätzliche Hinweise

Schutz der Öffentlichkeit
2 selbststehende Warnzeichen

*) Unfallmerkblatt darf **nicht** für
- Stoffe mit Zusatzgefahrzettel 01
- Stoffe der Klasse 4.1, Ziffern 21 bis 50
- Stoffe der Klasse 5.2, Ziffern 11 bis 20
verwendet werden.

Telefonische Rückfrage

Telefonnummer und Anschrift des Beförderers (bei Verwendung einfügen)

Gilt nur während des Straßentransports

Sammelunfallmerkblatt (Rückseite)

Gefahrzettel	Klasse	Güterarten und ihre gefährlichen Eigenschaften
1	2	3
	2	**Gase** Brand- und/oder Vergiftungs-/Verätzungsgefahr. Explosionsgefahr bei Gaswolkenbildung, Fernzündung möglich. Bei Hitzeentwicklung auf Behälter: Zerknallgefahr – Wurfstücke. Erfrierungsgefahr bei tiefkalten Gasen.
	3	**Entzündbare flüssige Stoffe** Brandgefahr, Explosionsgefahr bei Dampfwolkenbildung. Entzündbar durch Hitzeeinwirkung, elektrostatische Aufladung oder Flug- und Schlagfunken. Gefahr für Gewässer und Umwelt.
*) **)	4.1	**Entzündbare feste Stoffe** Brandgefahr; wenn Stoff pulverförmig, Gefahr der Staubexplosion.
	4.2	**Selbstentzündliche Stoffe** Selbstentzündungsgefahr bei beschädigten Versandstücken und verschüttetem Inhalt.
	4.3	**Stoffe, die in Berührung mit Wasser entzündbare Gase entwickeln** Reagieren teilweise heftig in Verbindung mit Wasser. Entzündungs- und Explosionsgefahr bei beschädigten Versandstücken oder verschüttetem Inhalt.
	5.1	**Entzündend (oxydierend) wirkende Stoffe** Reagieren sehr heftig mit anderen brennbaren Stoffen. Entzündungs- und Explosionsgefahr bei beschädigten Versandstücken oder verschüttetem Inhalt.
*) ***)	5.2	**Organische Peroxide** Zersetzung mit Wärmeentwicklung, auch explosionsartige Zersetzung möglich. Brandgefahr, Vergiftungsgefahr durch Einatmen. Hautkontakt vermeiden. Verursacht schwere Augenschäden.
	6.1	**Giftige Stoffe** Vergiftungsgefahr durch Einatmen, Verschlucken, Hautkontakt vermeiden. Zum Teil Brandgefahr. Gefahr für Gewässer und Umwelt.
	6.2	**Ansteckungsgefährliche Stoffe – Infektionsgefahr** Infektionsgefahr, Gefahr der Kontaminationsverschleppung bei beschädigten Versandstücken oder verschüttetem Inhalt.
	8	**Ätzende Stoffe** Verätzungsgefahr durch Einatmen, Verschlucken, Hautkontakt bei beschädigten Versandstücken oder verschüttetem Inhalt. Teilweise heftige Reaktion mit Wasser, Metallen und organischen Stoffen.
	9	**Verschiedene Gefahren**, wie z. B. Gefahr bei Brand, Einatmen von gesundheitsgefährlichen Stoffen, Bildung von hochgiftigen Stoffen im Brandfall oder Wassergefährdung bzw. Wasserverunreinigung.

Diese Stoffe dürfen **nicht** nach diesem Unfallmerkblatt befördert werden:
*) Stoffe mit Zusatzgefahrzettel 01 **) Stoffe der Klasse 4.1, Ziffern 21 bis 50 ***) Stoffe der Klasse 5.2, Ziffern 11 bis 20

Stand 12/97 (VkBl. 1998, S. 18)

ADR-Bescheinigung (Schulungsnachweis)

Der Mensch ist das schwächste Glied in der Transportkette. An ihn werden hohe Anforderungen gestellt. Der Gesetzgeber verlangt deshalb, daß der Fahrer durch eine besondere Schulung auf seine verantwortungsvolle Aufgabe vorbereitet wird.

Nach erfolgreicher Teilnahme an einer Schulung wird dem Fahrer eine ADR-Bescheinigung von der zuständigen Industrie und Handelskammer (IHK) ausgestellt. Diese berechtigt den Fahrer, Gefahrguttransporte unter den aufgeführten Arten und Klassen, sowohl innerstaatlich als auch grenzüberschreitend, durchzuführen. Die ADR-Bescheinigung hat eine Gültigkeit von 5 Jahren innerstaatlich und grenzüberschreitend. Sie kann durch die erfolgreiche Teilnahme an einem Fortbildungslehrgang verlängert werden.

Für folgende Transporte benötigt der Fahrer eine ADR-Bescheinigung:

Stück- und Schüttgut

- seit dem 1. Januar 1995 für Beförderungseinheiten mit einer zulässigen Gesamtmasse von mehr als 3,5 t (national/international) und wenn die transportierten Mengen nach der Tabelle der 'begrenzten Menge' überschritten werden.

- für die Beförderung der Klasse 1 unabhängig von der zulässigen Gesamtmasse des Fahrzeuges.

- für die Beförderung verpackter Stoffe der Klasse 7, Blätter 5 bis 8, oder 10 bis 13, Blatt 9 beschränkt unabhängig von der zulässigen Gesamtmasse des Fahrzeuges.
- Tankfahrzeuge
- Fahrzeuge mit Aufsetztanks von mehr als 1000 Litern
- Batterie-Fahrzeuge von mehr als 1000 Litern
- Fahrzeuge mit Tankcontainern von mehr als 3000 Litern Einzelfassungsraum

Besondere Regelung:

- werden die in der Tabelle nach Rn 10011 (begrenzte Mengen) angegebenen höchstzulässigen Gesamtmengen und die angegebenen Werte je Beförderungseinheit nicht überschritten, so wird keine ADR-Bescheinigung benötigt.

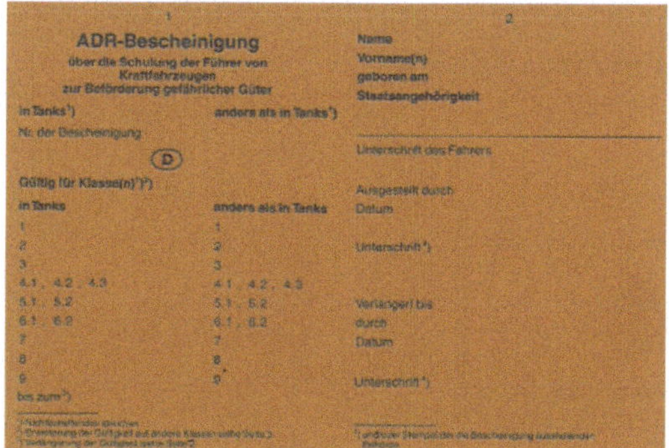

1

ADR-Bescheinigung

über die Schulung der Führer von Kraftfahrzeugen zur Beförderung gefährlicher Güter

in Tanks[1]) anders als in Tanks[1])

Nr. der Bescheinigung

(D)

Gültig für Klasse(n)[1][2])

in Tanks	anders als in Tanks
1	1
2	2
3	3
4.1, 4.2, 4.3	4.1, 4.2, 4.3
5.1, 5.2	5.1, 5.2
6.1, 6.2	6.1, 6.2
7	7
8	8
9	9

bis zum[3])

2

Name

Vorname(n)

geboren am

Staatsangehörigkeit

Unterschrift des Fahrers

Ausgestellt durch

Datum

Unterschrift[4])

Verlängert bis

durch

Datum

Unterschrift[4])

aussen

innen

3

Gültigkeit erweitert auf Klasse(n)[1])

	in Tanks
1	
2	Datum
3	
4.1, 4.2, 4.3	
5.1, 5.2	Unterschrift
6.1, 6.2	und/oder Stempel
7	
8	
9	

	Anders als in Tanks
1	
2	Datum
3	
4.1, 4.2, 4.3	
5.1, 5.2	Unterschrift
6.1, 6.2	und/oder Stempel
7	
8	
9	

[1]) Nichtzutreffendes streichen.

4

Nur für nationale Vorschriften

Gilt in Deutschland auch für innerstaatliche Beföderungen.

Bescheinigung der besonderen Zulassung
(B.3-Bescheinigung)

- Bei Transporten von Stoffen der Klasse 1 werden abhängig von der transportierten Menge und Gefährlichkeit der Stoffe besondere Anforderungen an deren Fahrzeuge und Ausrüstung gestellt.
- Es gibt 2 Fahrzeugarten: EX/II und EX/III.
- Für diese Fahrzeuge wird eine B.3-Bescheinigung benötigt
- Die B.3-Bescheinigung bescheinigt, daß das Fahrzeug den besonderen Anforderungen, wie z.B. besondere elektrische Ausrüstung (z.B. Trennschalter) entspricht.
- Die Gültigkeitsdauer dieser Bescheinigung beträgt 1 Jahr und wird bei der nächsten Hauptuntersuchung des Fahrzeuges jeweils um 1 Jahr verlängert.

BESCHEINIGUNG DER BESONDEREN ZULASSUNG VON FAHRZEUGEN ZUR BEFÖRDERUNG BESTIMMTER GEFÄHRLICHER GÜTER

1. Bescheinigung Nr. DEKRA /________/ ________/ 008685 *
NL ING.-NR. LFD.-NR.

Es wird bestätigt, daß das nachstehend bezeichnete Fahrzeug die Vorschriften des Europäischen Ubereinkommens über die internationale Beförderung gefährlicher Güter auf der Straße (ADR) für die Zulassung zur Beförderung von gefährlichen Gütern im internationalen Straßenverkehr erfüllt.

---

2. Hersteller und Art des Fahrzeuges

---

3. Amtliche(s) Kennzeichen (wenn vorhanden) und Fahrgestellnummer

---

4. Name und Betriebssitz des Beförderers, Verwenders (Halters) oder Eigentümers

---

5. Das oben beschriebene Fahrzeug ist den in Rn. 10282, 10283 *) der Anlage B zum ADR vorgesehenen Prüfungen unterzogen worden und erfüllt die Anforderungen für die Zulassung zur internationalen Beförderung auf der Straße von gefährlichen Gütern der nachstehend aufgeführten Klassen, Ziffern und Buchstaben (falls erforderlich sind die Benennung oder die Kennzeichnung des Stoffes anzugeben)

---

6. Bemerkungen: Gilt – mit den angegebenen Abweichungen *) – in Deutschland auch für innerstaatliche Beförderungen.

---

7. Gültig bis: Stempel der Ausgabestelle

Ort Datum Unterschrift

---

*) nicht zutreffendes bitte streichen

Fahrwegbestimmung § 7

Das Risiko eines Verkehrsunfalls ist auf der Straße bedeutend größer als im Schienen- oder Schiffsverkehr. Deshalb ist es sinnvoll, gefährliche Güter ab bestimmten Mengen für die § 7 gilt mit dem Schienen- oder Schiffsverkehr zu befördern. Ist dies nicht möglich (Gleis- oder Hafenanschluß nicht vorhanden), so sind solche Güter auf Autobahnen zu befördern.

Ab bestimmten Mengen wird der Fahrweg außerhalb Autobahnen auf Antrag in schriftlicher Form von der Straßenverkehrsbehörde bestimmt. Dieser Bescheid nennt sich deshalb Fahrwegbestimmung.

Der Beförderer hat dafür zu sorgen, daß der Bescheid über die Fahrwegbestimmung dem Fahrzeugführer vor Beförderungsbeginn übergeben wird. Der Fahrzeugführer muß die Fahrwegbestimmung mit allen Nebenbestimmungen beachten, sowie den Bescheid über die Fahrwegbestimmung mitführen und zuständigen Personen auf Verlangen zur Prüfung vorlegen.

Bei der Beförderung von diesen gefährlichen Gütern können unter bestimmten Bedingungen zusätzliche Bescheinigungen erforderlich sein, die ebenfalls der Beförderer dem Fahrzeugführer vor Beförderungsbeginn übergeben muß.

Bescheinigung der Deutschen Bahn AG oder einer Wasser- und Schiffahrtsdirektion, daß ein Gleisanschluß-, Container- oder Huckepackverkehr bzw. Containerverkehr auf dem Wasserweg nicht möglich ist.

- Im Huckepackverkehr eine Reservierungsbestätigung der Deutschen Bahn AG für die Anfuhr auf der Straße.
- Das Beförderungspapier für den Bahntransport die Abfuhr auf der Straße.

  Bei Sperrungen dürfen die ausgewiesenen Umleitungsstrecken ohne Fahrwegbestimmung benutzt werden.

Anlage 4

1. BM-Zeile 2-zeilig

☒ Zutreffendes ankreuzen!

Behörde

Westerfeld Transporte

Sandhoferstraße 293

68307 Mannheim

PLZ, Ort, Datum

Sachbearbeiter(in) | Zimmer Nr.

Telefon | Durchwahl (Nbst.) | Telefax

Nr./AZ Bitte stets angeben!

Bestimmung des Fahrweges

[X] nach § 7 Abs. 3 GGVS

[ ] nach § 7a Abs. 1 GGVS

zum Antrag vom 10.05.1993

1. Für die Beförderung von

Bezeichnung des Gutes	Klasse	Ziffer	Buchstabe
Filterstäube	--6.1--	--17--	--a--
kontaminiert mit PCDD* und/oder PCDF*	-------	------	------
(polychlorierte Dibenzodioxine und -furane)	-------	------	------
leere, ungereinigte Tanks	--6.1--	--91--	------

Zwischen der

[X] Beladestelle
[ ] Entladestelle
[ ] Grenzübergangsstelle
[ ] Autobahn-Anschlußstelle

(Gemeinde, Straße, Hausnummer, ggf. sonstige Lagebeschreibung)

Heizkraftwerk München-Nord.
Münchner Straße 22, 85774 Unterföhring----

und der

[ ] Entladestelle
[ ] Grenzübergangsstelle
[X] Autobahn-Anschlußstelle

(Gemeinde, Straße, Hausnummer, ggf. sonstige Lagebeschreibung)

AS München Frankfurter Ring der BAB A 9-----

wird folgender Fahrweg bestimmt

(Beschreibung des Fahrweges durch Angabe der Straßennamen oder -bezeichnungen, wie beispielsweise Straßenklasse u. -nummer)

Heizkraftwerk München-Nord, Unterföhring - Zu-/Ausfahrt HKW - rechts - M3 - rechts - St 2088 - Föhringer Ring - Herzog-Heinrich-Brücke - Föhringer Ring - AS München Frankfurter Ring der BAB A 9 ..(Weiterfahrt auf BAB)---

2. Geltungsdauer der Fahrwegbestimmung — von 15.9.1993 — bis 31.5.1995

3. Antragsteller: Diese Fahrwegbestimmung wurde auf Antrag von

(Name und Anschrift)

in der Eigenschaft als [X] Beförderer [ ] Verlader [ ] Versender [ ] Empfänger erteilt.

1 SM-Zeile 2-zeilig

4. Verkehrsmäßige Auflagen

1. Allgemeine Vorschriften
   a) Diese Erlaubnis schließt die Berechtigung ein, im Zuge des festgelegten Fahrweges eingerichtete Umleitungsstrecken in Bayern zu benützen, soweit diese nicht durch Zeichen 261 (Verbot kennzeichnungspflichtiger Kraftfahrzeuge mit gefährlichen Gütern) StVO gesperrt sind.
   b) Wasserschutzgebiete, die mit dem Zeichen 354 (Wasserschutzgebiet) StVO gekennzeichnet sind, und Ortschaften, dürfen nur mit besonderer Vorsicht durchfahren werden; im Bereich des Wasserschutzgebietes ist das Anhalten nur in Notfällen zulässig.
2. Weitere Auflagen lt. Folgeblätter

siehe Folgeblatt 01

5. Sonstige Bestimmungen

1. a) Diese Fahrweg-Bestimmung wird unbeschadet der Haftung des Antragstellers für alle durch das Transportgut entstehenden Schäden erteilt.
   b) Eine Gewährung für Ausbau und Beschilderung der benutzten Straßen für die besonderen Anforderungen des Transports wird nicht übernommen. Die Straßenverkehrsbehörde ist von allen etwaigen Ansprüchen Dritter, die ggf. durch das Transportgut entstehen, freigestellt.
   c) Alle durch das Transportgut am Straßenkörper entstandenen Schäden sind den Straßenbaubehörden unverzüglich anzuzeigen.
2. Nach §§ 7 Abs. 3 / 7 a Abs. 1 GGVS ist diese Fahrweg-Bestimmung oder eine von der Straßenverkehrsbehörde beglaubigte Abschrift hiervon während der Beförderung beim Fahrzeug mitzuführen und zuständigen Personen zur Prüfung vorzulegen od. auszuhändigen.

6. Rückgabe des Bescheides der Fahrweg-Bestimmung

Bei Widerruf sind diese Fahrweg-Bestimmung und alle Ausfertigungen der beglaubigten Abschriften unverzüglich an die Straßenverkehrsbehörde zurückzugeben.

7. Kostenfestsetzung

Der Antragsteller hat die Kosten des Verfahrens zu tragen.

Für diesen Bescheid wird eine Gebühr

festgesetzt von DM --150,00-- **; die Auslagen betragen DM** --99,00-- **= DM** --249,00-- (Gesamtbetrag)

(Art. 1 der Kostenverordnung für Maßnahmen bei der Beförderung gefährlicher Güter in der neuesten Fassung in Verbindung mit Nr. 104, ggf. Nr. 108, des Gebührenverzeichnisses hierzu).

8. Rechtsbehelfsbelehrung

Gegen diesen Bescheid kann innerhalb eines Monats nach Zustellung schriftlich oder zur Niederschrift **Widerspruch** erhoben werden. Der Widerspruch ist einzulegen bei:

Im Auftrag

Unterschrift

Jüngling · Verlag für Verwaltung und Behörden · München · Mannheim · Bonn · Hannover 8/90
Bestell-Nr. 31 814 E · Fahrweg-Bestimmung (Satz 2) Nord

Folgeblatt 01 zur Fahrwegbestimmung

zum Transport von Filterstäuben kontaminiert mit PCDD und/oder PCDF, (Klasse 6.1 Ziffer 17 a)

Nebenbestimmungen:

1. Das Parken oder Abstellen des Transportes ist nur außerhalb geschlossener Ortschaften oder außerhalb im Zusammenhang bebauter Gebiete nach Maßgabe der Vorschriften der GGVS zulässig. Ausgenommen hiervon sind Be- und Entladearbeiten oder Reparaturen.
2. Bei einem Verkehrsunfall ist unverzüglich die nächste Polizeidienststelle zu verständigen.
3. Verkehrsfunk ist ständig mitzuhören.
4. Bei Fahrzeugpannen ist das Fahrzeug/die Beförderungseinheit möglichst in ausreichender Entfernung von der Wohnbebauung am Fahrbahnrand abzusichern und die nächste Polizeidienststelle zu verständigen.
5. Der vorgegebene Fahrweg ist einzuhalten.
6. Enge Kurven sind mit besonderer Vorsicht und verminderter Geschwindigkeit zu befahren:
   Enge Kurven sind z.B.: Autobahnausfahrten, sowie solche Kurven auf Straßen des öffentlichen Verkehrs, die durch die amtlichen Verkehrszeichen nach der Straßenverkehrsordnung, Zeichen 103 und 105 (einfache Kurve, Doppel-kurve) gekennzeichnet sind.
7. Alle übrigen Vorschriften im Zusammenhang mit Transporten von gefährlichen Gütern sind zu beachten, insbesondereUnfallmerkblätter nach den Bestimmungen der GGVS (Rn 10 381 und 10 385 der Anlage B zur GGVS) genau auszufüllen und mitzuführen.

8. Auf den nachfolgend genannten Straßen im Zuge des Fahrweges ist die Beförderung gefährlicher Güter in der Zeit von 06.00 – 08.30 Uhr und in der Zeit von 15.30 – 19.00 Uhr verboten:

- Kreisstraße M3
- Staatsstraße 2088 (Föhringer Ring)

Merke

- Begleitpapiere müssen immer mitgeführt werden und sind auf Verlangen vorzuzeigen.
- Das Beförderungspapier ist ein Teil der Begleitpapiere und dient zur Identifizierung des Gefahrgutes.
- Die Bezeichnung des Gefahrgutes (Name, Klasse, Ziffer und Buchstabe) muß im Beförderungspapier enthalten sein.
- Name und Anschrift des Absenders müssen im Beförderungspapier enthalten sein.
- Zusatzangaben im Beförderungspapier können Angaben über Nutzung einer Ausnahmegenehmigung sein (z.B. Ausnahme Nr. 55).
- Beim Transport von Stoffen und Gegenständen der Klasse 1 muß im Beförderungspapier die Angabe über die Netto-Explosivstoffmasse gemacht werden.
- Fahrer und Beifahrer sind verpflichtet, das Unfallmerkblatt vor Antritt der Fahrt durchzulesen, um sich über die notwendigen Sofortmaßnahmen zu informieren.
  Unfallmerkblätter sind im Führerhaus mitzuführen.

- Gefahreigenschaften und Notfallmaßnahmen sind im Unfallmerkblatt beschrieben.

- Die Gültigkeitsdauer für die ADR- Bescheinigung beträgt 5 Jahre.

- Mit der ADR-Bescheinigung dürfen auch grenzüberschreitende Transporte durchgeführt werden.

- Beim Verlust der ADR-Bescheinigung kann mit Antrag bei der zuständigen IHK ein Ersatz ausgestellt werden.

- Die B-3 Bescheinigung hat eine maximale Gültigkeit von einem Jahr.

- Transporte von gefährlichen Gütern nach §7 GGVS benötigen eine Fahrwegbestimmung ab Überschreitung einer bestimmten Mindestmenge.

- Die Fahrwegbestimmung beschreibt eine bestimmte Fahrstrecke unter Beachtung von Nebenbestimmungen, z.B. festgelegte Fahrzeiten oder Beifahrer erforderlich.

Arbeitsblatt

1. Darf ein Abfallbegleitschein als Beförderungspapier verwendet werden?

- ☐ *In keinem Fall*
- ☐ *Ja, wenn er die vorgeschriebenen Angaben nach ADR enthällt*

2. Nennen Sie 3 Begleitpapiere nach ADR

3. Was versteht man unter einer ADR-Bescheinigung?

- ☐ *Die Bescheinigung der besonderen Zulassung*
- ☐ *Den Nachweis über die erfolgreiche Teilnahme an einer Gefahrgutfahrerschulung*
- ☐ *Der Gefahrgutübernahmeschein*

Fahrzeug- & Beförderungsarten, Umschließungen, Ausrüstung

Beförderungsarten

Die GGVS unterscheidet u.a. zwischen Stückgut- und Schüttgutbeförderungen. Die Beförderung in loser Schüttung muß nach GGVS zugelassen sein.

Stückguttransport

(Versandstücke)

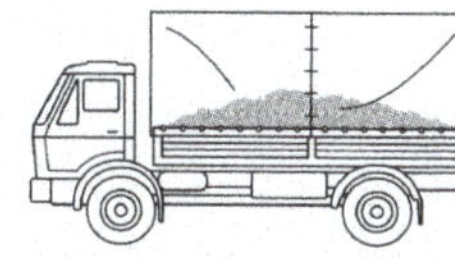

Schüttguttransport

(fester Stoff ohne Verpackung)

Fahrzeugarten

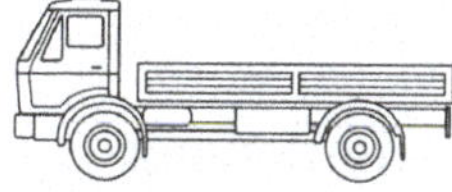

offenes Fahrzeug

(Ladeflächen offen oder nur mit Seitenwänden und einer Rückwand versehen)

gedecktes Fahrzeug

(kastenformiger Aufbau, der geschlossen werden kann)

bedecktes Fahrzeug

(offenes Fahrzeug, das zum Schutz der Ladung mit einer Plane versehen ist)

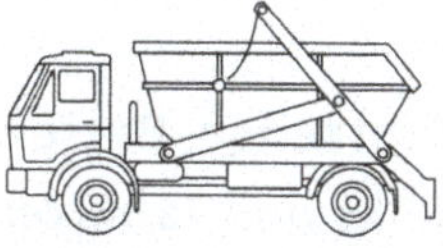

Fahrzeug mit Kippermulde

(Container für Güter in loser Schüttung)

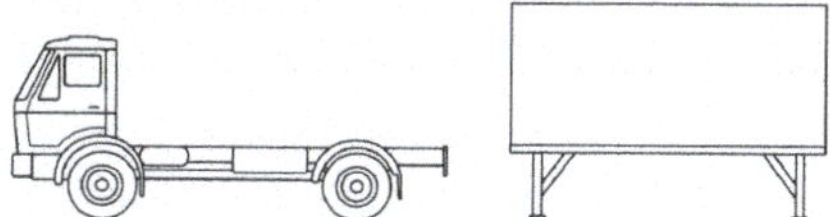

Fahrzeug mit Wechselbrücke

Achtung! Nässeempfindliche Versandstücke dürfen nicht in offenen Fahrzeugen befördert werden.

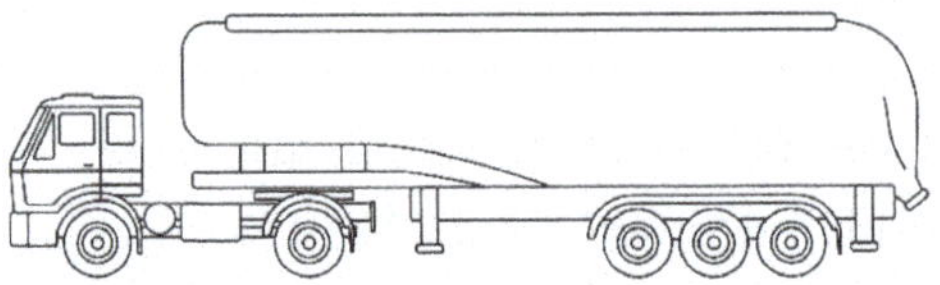

Silofahrzeug

Fahrzeug mit Container

Besonderheiten

Eine mit gefährlichen Gütern beladene Beförderungseinheit darf in keinem Falle mehr als einen Anhänger oder Sattelanhänger umfassen.
Zugmaschinen und LKW mit einem zul. Gesamtgewicht von mehr als 12 Tonnen müssen mit einem Geschwindigkeitsbegrenzer ausgerüstet sein.

Für Tankfahrzeuge, Batterie-Fahrzeuge, Fahrzeuge mit Aufsetztanks und Tankcontainern, sowie Fahrzeuge zur Beförderung von Stoffen der Klasse 1 sind zusätzlich umfangreiche technische Vorschriften zu beachten (siehe Schulungsprogramm 'Tankwagenfahrer').

Umschließungen

In der Regel finden für den Gefahrguttransport geprüfte Verpackungen Verwendung. Man erkennt die Bauartprüfung einer Verpackung an dem sogenannten UN-Verpackungscode.

Eine generelle Voraussetzung für die Verwendung von Verpackungen für den Gefahrguttransport ist, daß diese Verpackungen für den zu befüllenden Stoff **geeignet** und **verträglich** sind.

geeignet => *Auswahl der Verpackung*

stoffverträglich => *Salzsäure nicht direkt in einen Metallbehälter füllen*

Nach ihrer Verwendung unterteilt man Verpackungen in verschiedene Kategorien:

- Einzelverpackungen
- zusammengesetzte Verpackungen (trennbare Einheit aus Außen- und Innenverpackung)
- Kombinationsverpackungen (untrennbare Einheit aus Außen- und Innenverpackung)
- Großpackmittel (IBC)
- Umverpackung (Umschließung von Versandstücken zur leichteren Handhabung und Verladung wie Paletten mit Versandstücken, die durch Kunststoffbänder oder Schrumpffolien gesichert sind)
- Bergungsverpackung (für beschädigte oder defekte Versandstücke)

Einzelverpackungen

Kanister

Feinstblech

Sack

Faß

Kiste

Druckgaspackung

Gaspatrone

Zusammengesetzte Verpackungen

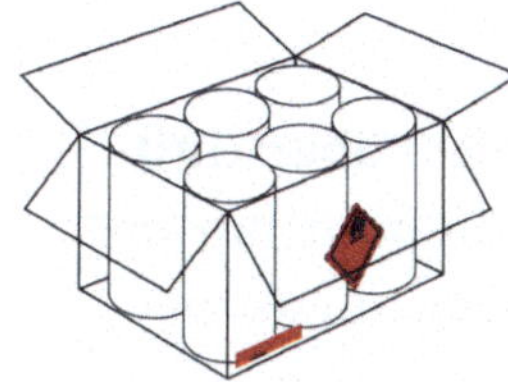

Karton mit Dosen

Kombinationsverpackungen

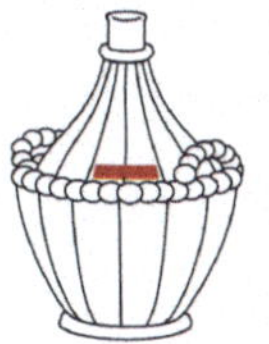

Korbflasche

Großpackmittel

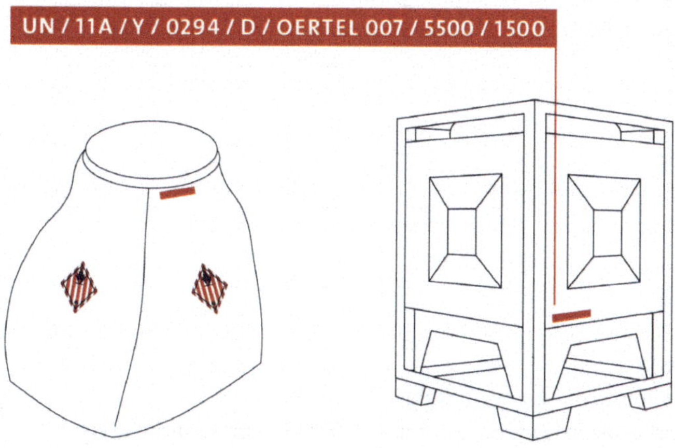

flexibler IBC (Sack)

starrer IBC (Metall)

Tabelle nach Rn 10011

Die Tabelle **nach Rn 10011** bezieht sich auf den Transport von Gefahrgut in Versandstücken.

Werden die Mengen in dieser Tabelle **nicht überschritten**, gibt es Erleichterungen für den Gefahrguttransport. In diesem Falle sind folgende Vorschriften nur anzuwenden:

- Beförderungsart des Gutes (z. B. Beförderung in loser Schüttung, in Containern oder Tanks)
- 1 Feuerlöscher (2 kg geeignet für Motor und Fahrerhaus)*
- Tragbare Beleuchtungsgeräte (keine offene Flamme, keine metallische Oberfläche die Funken erzeugen könnten, siehe Seite 85)
- Ein Beförderungspapier und im gegebenen Fall Container-Packzertifikat und ADR-Vereinbarungen
- Ladungssicherung
- Zusammenladeverbot
- Reinigung der Ladefläche
- Rauchverbot bei Ladearbeiten
- Überwachungspflicht der Fahrzeuge ab bestimmten Mengen
- Ausreichende Belüftung in gedeckten Fahrzeugen die Gase der Ziffern 1, 2, 3 oder 1001 Acetylen befördern

* **Bemerkung**
Bei Anwendung der Rn 10011 (folgende Tabelle) kann bei innerstaatlicher Beförderung auf das Mitführen von Feuerlöschern verzichtet werden. (Ausnahme 85(S))

Beförderungs-kategorie	Stoffe oder Gegenstände	Höchstzulässige Gesamtmenge je Beförderungseinheit
0	Klasse 1 — Ziffern 01, 11, 12, 24, 25, 33, 34, 44, 45 und 51 Klasse 4.2 — Stoffe, die der Gruppe a) oder der Verpackungsgruppe I in den Empfehlungen für die Beförderung gefährlicher Güter zugeordnet sind Klasse 4.3 — Ziffern 1 bis 3 und 19 bis 25 Klasse 6.1 — Ziffern 1 und 2 Klasse 6.2 — Ziffern 1 und 2 Klasse 7 — Stoffe der Rn 2704 Blätter 5 bis 13 Klasse 9 — Ziffern 2 b) und 3 sowie ungereinigte leere Verpackungen, die Stoffe dieser Beförderungskategorie enthalten haben	**0**
1	Stoffe und Gegenstände, die der Gruppe a) oder der Verpackungsgruppe I in den Empfehlungen für die Beförderung gefährlicher Güter zugeordnet sind und nicht unter die Beförderungskategorie 0 fallen, sowie Stoffe und Gegenstände der folgenden Klassen, Ziffern und Buchstaben oder Gruppen: Klasse 1 — Ziffern 1 bis 10[a)], 13 bis 23, 26, 27, 29 und 30 bis 32 Klasse 2 — Gruppen T, TC[a)], TO, TF, TOC und TFC der einzelnen Ziffern Klasse 4.1 — Ziffern 31 b) bis 34 b) und 41 b) bis 50 b) Klasse 5.2 — Ziffern 1 b) bis 4 b) und 11 b) bis 20 b)	**20** (Faktor 50)
2	Stoffe und Gegenstände, die der Gruppe b) oder der Verpackungsgruppe II in den Empfehlungen für die Beförderung gefährlicher Güter zugeordnet sind und nicht unter die Beförderungskategorie 0, 1 oder 4 fallen, sowie Stoffe und Gegenstände der folgenden Klassen, Ziffern und Buchstaben oder Gruppen: Klasse 1 — Ziffern 35 bis 43, 48[a)] und 50 Klasse 2 — Gruppe F der einzelnen Ziffern Klasse 6.1 — Stoffe und Gegenstände, die dem Buchstaben c) der einzelnen Ziffern zugeordnet sind Klasse 6.2 — Ziffer 3	**300** (Faktor 3)

Beförderungs-kategorie	Stoffe oder Gegenstände	Höchstzulässige Gesamtmenge je Beförderungseinheit
3	Stoffe und Gegenstände, die der Gruppe c) oder der Verpackungsgruppe III in den Empfehlungen für die Beförderung gefährlicher Güter zugeordnet sind und nicht unter die Beförderungskategorie 2 oder 4 fallen, sowie Stoffe und Gegenstände der folgenden Klassen, Ziffern und Buchstaben oder Gruppen: Klasse 2 : Gruppen A und O der einzelnen Ziffern Klasse 9 : Ziffern 6 und 7	**1.000** (Faktor 1)
4	Klasse 1 : Ziffern 46 und 47 Klasse 4.1 : Ziffern 1 b) und 2 c) Klasse 4.2 : Ziffer 1 c) Klasse 7 : Stoffe der Rn 2704 Blätter 1 bis 4 Klasse 9 : Ziffer 8 c) sowie ungereinigte leere Verpackungen, die gefährliche Stoffe mit Ausnahme solcher enthalten haben, die unter die Beförderungskategorie 0 fallen.	**unbegrenzt**

[a] Für die Kennzeichnungsnummern 0081, 0082, 0084, 0241, 0331, 0332, 0482, 1005 und 1017 beträgt die höchstzulässige Gesamtmenge je Beförderungseinheit 50 kg.

Wenn gefährliche Güter, die verschiedenen in der Tabelle festgelegten Beförderungskategorien angehören, in derselben Beförderungseinheit befördert werden, darf die Summe der Menge der Stoffe und Gegenstände:

- der Beförderungskategorie 1, multipliziert mit 50,
- der Beförderungskategorie 2, multipliziert mit 3 und
- der Beförderungskategorie 3

1000 nicht überschreiten.

In vorstehender Tabelle bedeutet: 'höchstzulässige Gesamtmenge je Beförderungseinheit':

- für Gegenstände, die Bruttomasse in kg (für Gegenstände der Klasse 1, die Nettomasse des explosiven Stoffes in kg);
- für feste Stoffe, verflüssigte Gase, tiefgekühlt verflüssigte Gase und unter Druck gelöste Gase, die Nettomasse in kg;
- für flüssige Stoffe und verdichtete Gase, der nominale Fassungsraum (Nenninhalt) des Gefäßes in Liter.

'Nominaler Fassungsraum (Nenninhalt) des Gefäßes' bedeutet das Nennvolumen in Liter des im Gefäß enthaltenen gefährlichen Stoffes. Bei Flaschen für verdichtete Gase muß der nominale Fassungsraum (Nenninhalt) dem Fassungsraum für Wasser der Flasche entsprechen.

Sind Güter der **gleichen Freigrenze** (z.B. 300 kg) unterstellt, muß ihre entsprechende Masse addiert werden, wobei die Freigrenze (300 kg) nicht überschritten werden darf.

Sind Güter **verschiedenen Freigrenzen** unterstellt, dann sind die für jedes Gut höchstzulässigen Gesamtmengen wie folgt zu berechnen:

a. Jede tatsächliche Gesamtmenge eines unter die gleiche Beförderungskategorie der Tabelle fallenden Gutes muß mit dem für diese Beförderungskategorie geltenden Faktor multipliziert werden;

b. die so erhaltenen Produkte sind zu addieren, wobei ihre Summe die **Zahl 1000** nicht überschreiten darf.

Beispiele:

		Faktor		
1. *Alkohol, Kl.3, Ziffer 3b)*	*200 Liter x*	3	=	600
Lackfarben, Kl. 3, Ziffer 31c)	*500 kg x*	1	=	500
		Summe:		1100

Gesamtsumme größer als 1000 => keine Erleichterungen.

		Faktor		
2. *Propan, Kl.2, Ziffer 2F)*	*150 kg x*		=	
Sauerstoff, Kl.2, Ziffer 1O)	*500 Liter x*		=	
Acetylen, Kl.2, Ziffer 4F)	*250 kg x*		=	
		Summe:		

Gesamtsumme ______ als 1000 => ______ Erleichterung

Von den Vorschriften freigestellt sind:

- Beförderungen von Privatpersonen von Gütern zum persönlichen oder häuslichen Gebrauch, Freizeit und Sport
- Abschleppfahrzeuge von Einsatzkräften oder Fahrzeuge unter deren Überwachung
- Notfallbeförderungen zur Rettung von Mensch oder zum Schutz der Umwelt.

Feuerlöscher

Beförderungseinheiten mit gefährlichen Gütern müssen in der Regel mit **mindestens** 2 Feuerlöschern ausgerüstet sein.
Ein Feuerlöscher, der geeignet ist, einen Brand des Motors und des Führerhauses zu löschen. Mindestfassungsvermögen **2 kg**. Ein **zweiter Feuerlöscher**, der geeignet ist, einen Brand der Ladung, der Reifen und der Bremse zu löschen. Mindestfassungsvermögen **6 kg** (unter 3,5 Tonnen z.G. 2 kg).

Diese Feuerlöscher müssen mit einer **Plombierung** versehen sein, durch die sich nachprüfen läßt, daß sie **nicht verwendet** worden sind.

Feuerlöscher müssen außerdem von Sachkundigen jährlich geprüft werden und eine Aufschrift mit **dem Datum der nächsten Überprüfung** und den Namen des Sachverständigen tragen.

Unterlegkeil

Jedes Fahrzeug (Motorwagen, Anhänger) muß mindestens mit einem Unterlegkeil ausgerüstet sein. Die Größe muß der Fahrzeugmasse und dem Raddurchmesser entsprechen.

Auch PKW, die Gefahrgut befördern, müssen laut GGVS mit einem Unterlegkeil ausgerüstet sein, obwohl die Forderung für einen Unterlegkeil nach StVZO erst bei einem Kraftfahrzeug mit einem zulässigen Gesamtgewicht von mehr als 4t besteht.

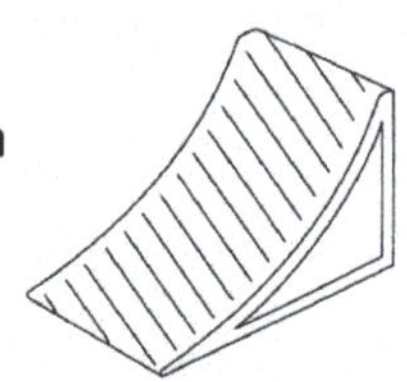

Warnzeichen

Jede Beförderungseinheit muß mit zwei selbststehenden Warnzeichen ausgerüstet sein. Dies können entweder sein:

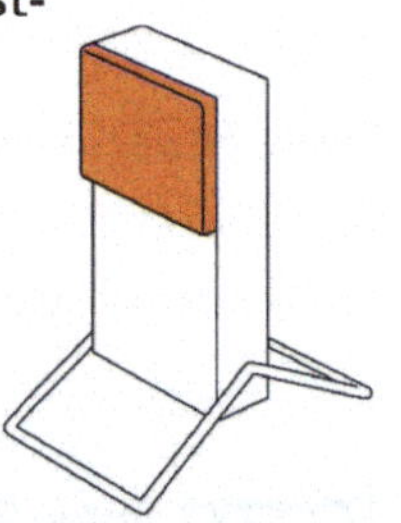

2 Warnleuchten die orangefarbenes Blinklicht abgeben und unabhängig von der elektrischen Ausrüstung des Fahrzeug sind,

Nach StVZO § 22a müssen diese Warnleuchten einer amtlich genehmigten Bauart entsprechen. Erkennbar an der Kennzeichnung z.B. ∿∿∿ K 13937.

oder 2 reflektierende Kegel,

oder 2 Warndreiecke.

Tragbare Beleuchtungsgeräte

(z.B. Taschenlampe/Handlampe)

Für jedes Mitglied der Fahrzeugbesatzung ist eine Handlampe erforderlich.

1. Das Betreten eines Fahrzeuges mit Beleuchtungsgeräten mit offener Flamme ist untersagt. Sie dürfen keine metallische Oberfläche haben, die Funken erzeugen können.
2. Gedeckte Fahrzeuge, die Flüssigkeiten mit einem Flammpunkt bis höchstens 61°C und brennbare Stoffe und Gegenstände der Klasse 2 befördern, dürfen nur mit Beleuchtungsgeräten betreten werden, die entzündbare Gase oder Dämpfe im Innern des Fahrzeuges nicht entzünden könnten.

Das heißt, bei Benutzung einer Taschenlampe unter den genannten Bedingungen, muß diese explosionsgeschützt ausgeführt sein.

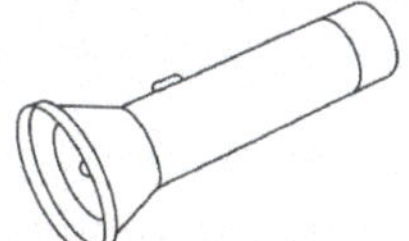

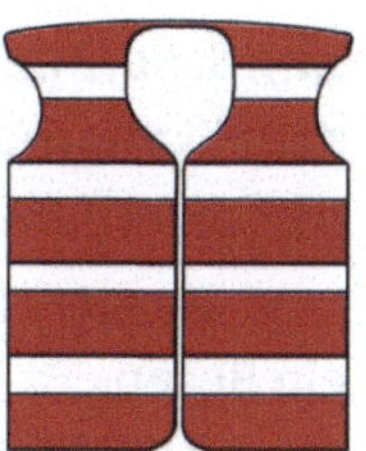

Warnkleidung

Eine geeignete Warnweste oder Warnkleidung ist für jedes Mitglied der Fahrzeugbesatzung erforderlich.

Ausrüstung für erste Hilfsmaßnahmen

Um erste Hilfsmaßnahmen, wie sie in den Unfallmerkblättern beschrieben sind, bei einem Zwischenfall oder Unfall durchführen zu können, ist eine entsprechende Ausrüstung mitzuführen.

Diese Ausrüstung ist in den Unfallmerkblättern unter dem Abschnitt **Persönliche Schutzausrüstung** und dem Abschnitt **Zusätzliche/Besondere Maßnahmen** aufgeführt.

Dies könnte klassenspezifisch insbesondere sein:

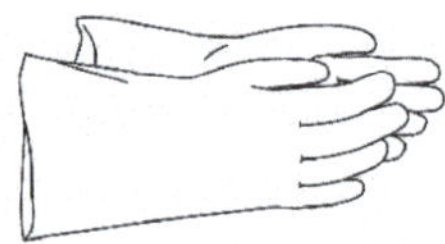

zum Schutz des Fahrzeugführers –

- eine Schutzbrille
- ein geeigneter Atemschutz sofern giftige Gase befördert werden
- geeignete Handschuhe
- ein geeigneter Schutz für die Füße (z.B. Stiefel)
- ein Grundschutz für den Körper (z.B. Schürze)
- eine Augenspülflasche mit Wasser

zum Schutz der Öffentlichkeit –

- reflektierende selbststehende Warnzeichen (Kegel, Warndreiecke, usw.)

zum Schutz der Umwelt –

- Kanalisationsabdeckungen, die gegen den beförderten Stoff beständig sind
- eine geeignete Schaufel
- ein Besen
- geeignete Bindemittel
- ein geeigneter Auffangbehälter (nur für kleine Mengen)

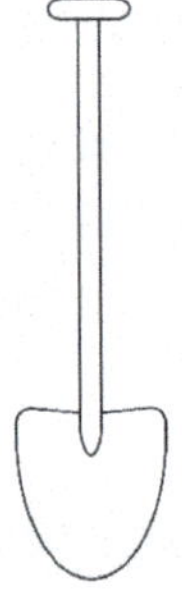

Es wird empfohlen auch für den/die Beifahrer eine geeignete Ausrüstung bereit zu halten.

Merke

- Ein Fahrzeug, dessen Aufbau geschlossen werden kann, bezeichnet man als gedecktes Fahrzeug.
- Ein offenes Fahrzeug ist ein Fahrzeug, dessen Ladefläche offen oder nur mit Seitenwänden und einer Rückwand versehen ist.
- Nässeempfindliche Versandstücke dürfen nur in bedeckten oder gedeckten Fahrzeugen transportiert werden.
- Die Beförderung eines festen Stoffes ohne Verpackung bezeichnet man als Beförderung in loser Schüttung.
- Bei Gefahrguttransporten müssen in der Regel 2 Feuerlöscher mitgeführt werden.
- Aus der Angabe auf dem Feuerlöscher kann man erkennen, wann der Feuerlöscher wiederkehrend geprüft werden muß.
- Der Werkzeugsatz wird bei innerstaatlichen und grenzüberschreitenden Transporten benötigt.

- Die Ladefläche eines mit brennbarer Flüssigkeit (Flammpunkt unter 61°C) beladenen Fahrzeuges, darf nur mit einer explosionsgeschützten Taschenlampe betreten werden.

- Aus den Unfallmerkblättern kann der Fahrer die geeignete Schutzausrüstung für ein zu beförderndes Gefahrgut erfahren.

Übungsfragen

1. Das Mindestfassungsvermögen eines Feuerlöschers, der für einen Brand der Ladung geeignet ist beträgt:

- [ ] *2 kg*
- [ ] *4 kg*
- [ ] *6 kg*

2. Muß ein mit Gefahrgut beladener Anhänger, der auf einer öffentlichen Straße abgestellt wird, mit mindestens einem Feuerlöscher ausgerüstet sein?

- [ ] *ja*
- [ ] *nein*

3. Dürfen Warnleuchten ein weißes Dauer- oder Blinklicht haben?

- [ ] *ja*
- [ ] *nein*

4. Die Mindestschutzausrüstung könnte bestehen aus:

Gefahrzettel

Versandstücke, in denen Gefahrgut transportiert wird, werden außen mit Gefahrzettel gekennzeichnet. Sie weisen auf die Gefahren hin, die von den jeweiligen Versandstücken ausgehen.

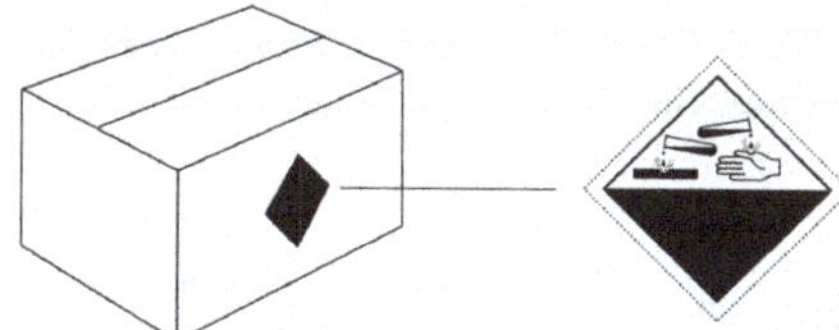

Jeder Gefahrzettel hat eine Nummer. Diese bezieht sich auf die jeweilige Gefahrklasse (z.B. Gefahrzettel Nr.8 = Klasse 8, ein ätzender Stoff). Die Form des Gefahrzettels ist ein auf die Spitze gestelltes Quadrat mit einer Seitenlänge von 10 cm. Gefahrzettel, die außen am Fahrzeug (z.B. Tank, Container) angebracht werden, müssen eine Seitenlänge von mindestens 25 cm aufweisen.

Befinden sich verschiedene Gefahrzettel auf einem Versandstück, so gehen mehrere Gefahren von diesem Inhalt aus. Das Versandstück enthält, entweder Gefahrgüter unterschiedlicher Klassen oder ein Gefahrgut mit verschiedenen Gefahreigenschaften.

Gefahrzettel

Nr. 01

Explosionsgefährlich

Nr. 2

Nicht brennbares und nicht giftiges Gas

Nr. 5.1

Entzündend wirkender Stoff

Nr. 1

Explosiv

Nr. 3

Feuergefährlich (entzündbare flüssige Stoffe)

Nr. 5.2

Organisches Peroxid: Feuergefahr

Nr. 1.4

Explosionsgefährlich Unterklasse 1.4

Nr. 4.1

Feuergefährlich (entzündbare feste Stoffe)

Nr. 05

Entzündend wirkender Stoff

Nr. 1.5

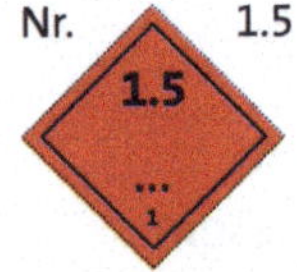

Explosionsgefährlich Unterklasse 1.5

Nr. 4.2

Selbstentzündlich

Nr. 6.1

Giftig

Nr. 1.6

Explosionsgefährlich Unterklasse 1.6

Nr. 4.3

Entzündliche Gase bei Berührung mit Wasser

Nr. 6.2

Ansteckungsgefährlich

Nr. 7A

Radioaktiv I

Nr. 7C

Radioaktiv III

Nr. 8

Ätzend

Nr. 11

oben

Nr. 7B

Radioaktiv II

Nr. 7D

Radioaktiver Stoff

Nr. 9

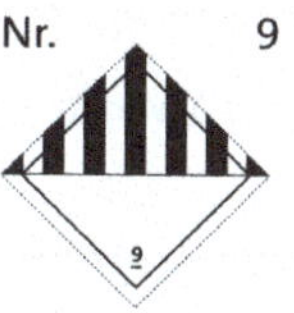

Verschiedene gefährliche Stoffe

Wird nach den Bestimmungen der 'klein-a-Randnummern' (begrenzte Mengen in Versandstücken) befördert, dann sind Versandstücke wie folgt mit Aufschriften zu versehen:

- Bei **einem** Füllgut
- Bei **verschiedenen** Füllgütern mit unterschiedlichen Kennzeichnungsnummern

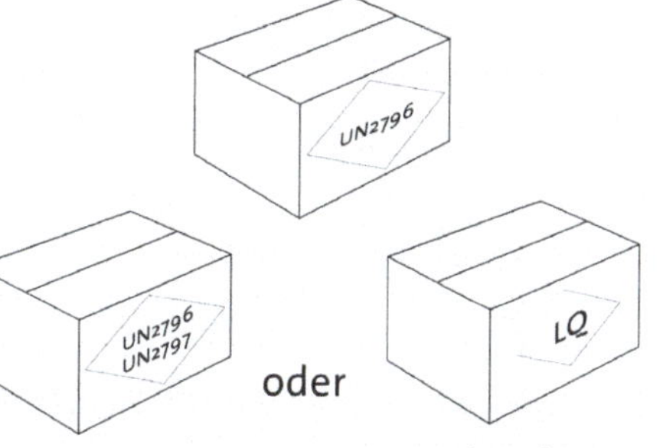

LQ= limited Quantities (begrenzte Mengen)

Aufschriften

Versandstücke sind in der Regel zusätzlich zu den Gefahrzetteln deutlich und dauerhaft mit der im Beförderungspapier angegebenen Kennzeichnungsnummer des Gutes mit den vorangestellten Buchstaben 'UN' zu versehen.

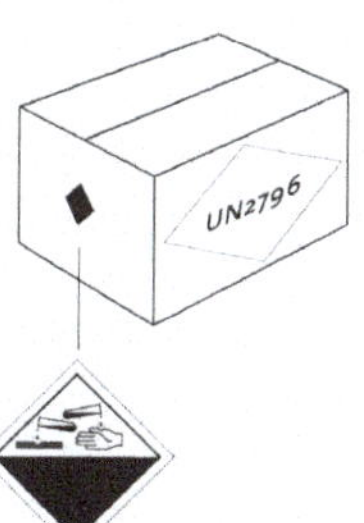

Weitere Aufschriften auf Versandstücken können z.B. sein:

- 'Von Zündquellen fernhalten' (Klasse 9)
- 'AEROSOL' (Druckgaspackungen Klasse 2)
- 'Name' der Gase (Klasse 2)
- 'Name' der Stoffe oder Gegenstände (Klasse 1)

Orangefarbene Tafeln (Warntafeln)

Beförderungseinheiten, die gefährliche Güter transportieren, sind mit orangefarbenen Tafeln zu kennzeichnen. Sie dienen zur schnellen Erkennung von Gefahrguttransporten durch die Polizei, die Hilfsorganisationen und die öffentlichen Verkehrsteilnehmer.

Beförderungseinheiten können sein:

LKW

LKW mit Anhänger

Kleintransporter

PKW

Sattelzugmaschine mit Auflieger

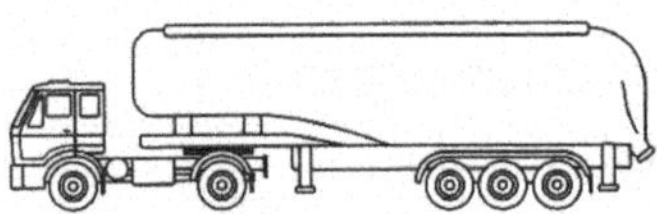

Silofahrzeug

LKW mit Kippermulde

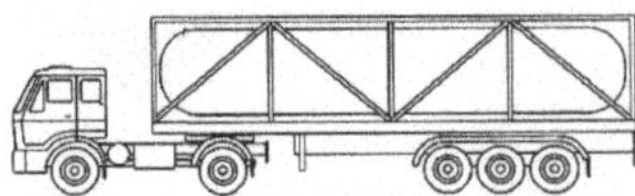

Sattelzug mit Tankcontainer

Tafeln im Stückguttransport sind orangefarben neutral. Größe: Grundlinie 40 cm, Höhe mindestens 30 cm, mit schwarzer Umrandung.

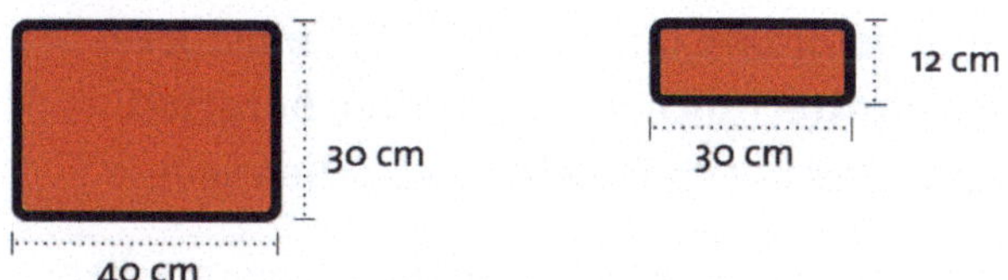

Wenn die zur Verfügung stehende Fläche zum Anbringen dieser Tafeln am Fahrzeug nicht ausreicht, darf die Größe der Tafeln auf 30 cm x 12 cm verringert werden. Überschreitet das Gefahrgut die Menge in der **Tabelle der 'begrenzten Mengen'**, so muß die Beförderungseinheit vorne und hinten deutlich sichtbar mit orangefarbenen Tafeln gekennzeichnet werden. Die Verantwortung für das Anbringen der Warntafeln liegt beim Fahrer.

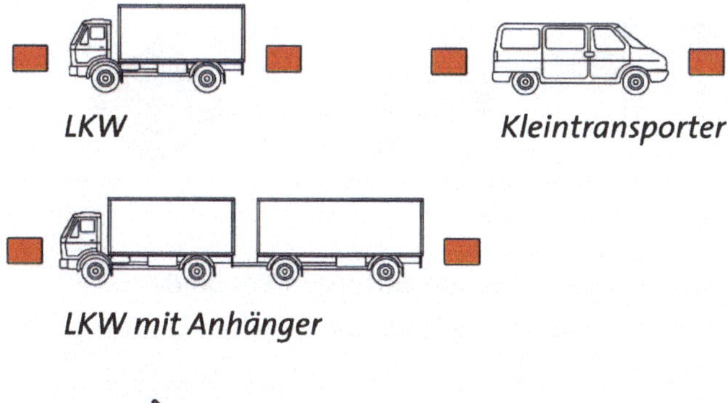

LKW

Kleintransporter

LKW mit Anhänger

LKW mit Kippermulde

Beim Leertransport (kein Gefahrgut geladen) müssen die Gefahrzettel und orangefarbenen Tafeln entfernt oder vollständig verdeckt werden. Die Abdeckung der Tafeln muß dann noch nach einem Brand von 15 Minuten Dauer wirksam sein.

Besonderheiten bei der Bezettelung und Kennzeichnung:

Werden Versandstücke einschließlich Großpackmittel (IBC), Container und Tankcontainer von oder zu einem See-/Flughafen befördert, dürfen diese Versandstücke auch nach **see-/luftrechtlichen** Vorschriften **bezettelt, gekennzeichnet und mit Aufschriften versehen** sein.

Im Beförderungspapier ist dann zusätzlich zu vermerken: **'Beförderung nach Rn 2007 des ADR'**.

In der Regel werden Beförderungseinheiten im Stückguttransport nicht mit Gefahrzetteln gekennzeichnet.

'Keine Regel, ohne Ausnahme'

Beim Transport von bezettelten Versandstücken der **Klasse 1** müssen die gleichen Gefahrzettel an beiden Längsseiten und hinten am Fahrzeug angebracht sein.

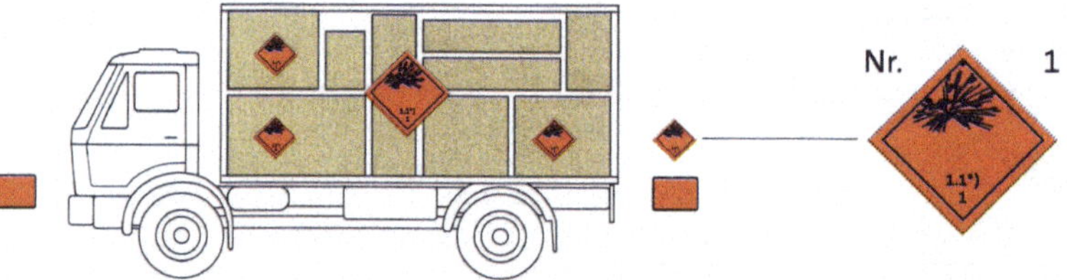

Beim Transport von gefährlichen Gütern in Versandstücken in einem **Container**, müssen die gleichen Gefahrzettel wie sie für die Versandstücke vorgeschrieben sind an allen vier Seiten des Containerns angebracht sein.
Die gleichen Vorschriften gelten auch für **Wechselbrücken**, falls sie abgesetzt beladen oder während der Beförderung vom Fahrzeug getrennt werden.

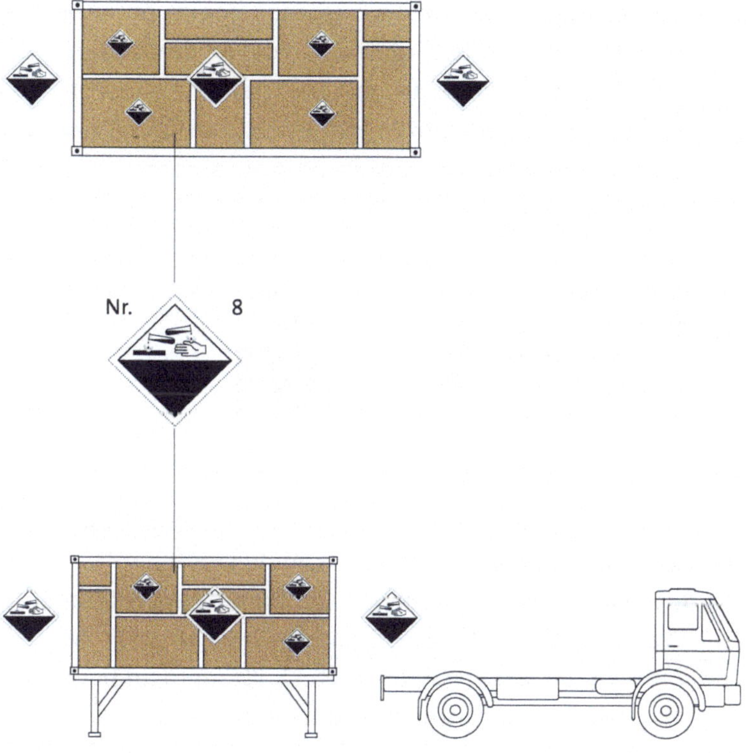

Beim **Schüttguttransport** (feste Stoffe in loser Schüttung) müssen zusätzlich an den Seiten jeder Beförderungseinheit oder Containers orangefarbene Tafeln mit Kennzeichnungsnummern wie sie im Anhang B.5 – und im mitzuführenden Unfallmerkblatt – vorgeschrieben sind, deutlich sichtbar angebracht sein.

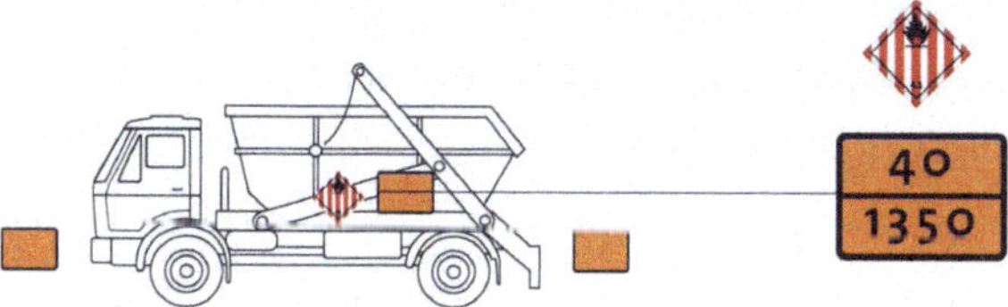

An Beförderungseinheiten, die nur einen der im Anhang B.5 aufgezählten Stoff befördern, sind die an den Seiten vorgeschriebenen orangefarbenen Tafeln nicht erforderlich, wenn die vorn und hinten aufgebrachten Tafeln mit den vorgeschriebenen Kennzeichnungsnummern versehen sind.

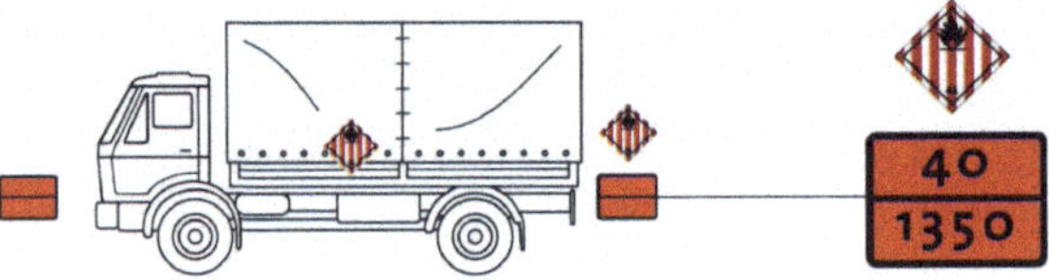

Tankcontainern, Container für Güter in loser Schüttung und Batterie-Fahrzeuge müssen an beiden Seiten mit den jeweiligen vorgeschriebenen Gefahrzetteln versehen sein. Wenn diese Gefahrzettel von außen nicht sichtbar sind, müssen die selben Gefahrzettel außerdem an beiden Längsseiten und hinten am Fahrzeug angebracht sein.

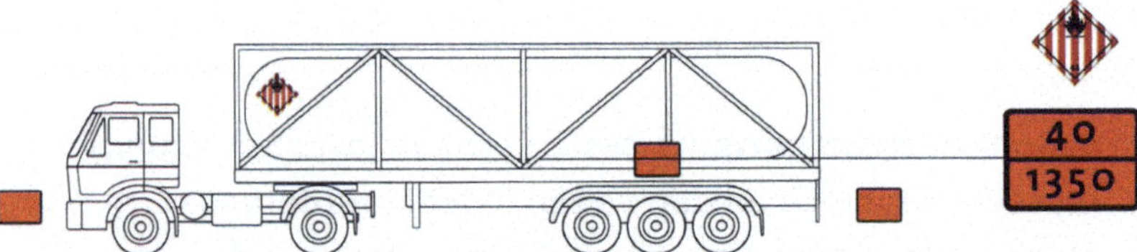

Die Vorschriften über die Kennzeichnung und Bezettelung gelten auch für ungereinigte leere und nicht entgaste Tankcontainer und Batterie-Fahrzeuge, sowie für ungereinigte leere Fahrzeuge und Container für Güter in loser Schüttung.

Stoffe der Klasse 9, Ziffer 20 c und 21 c in erwärmten Zustand dürfen in SpezialTankcontainern und -Tankfahrzeugen oder in besonders eingerichteten Fahrzeugen für lose Schüttung befördert werden. Diese Spezialfahrzeuge und -Tankcontainer müssen dann zusätzlich an beiden Seiten und hinten mit dargestelltem Kennzeichen versehen sein.

Bemerkung: Seitenlänge mindestens 250 mm

Bedeutung der Kennziffern auf den orangefarbenen Tafeln nach Anhang B.5

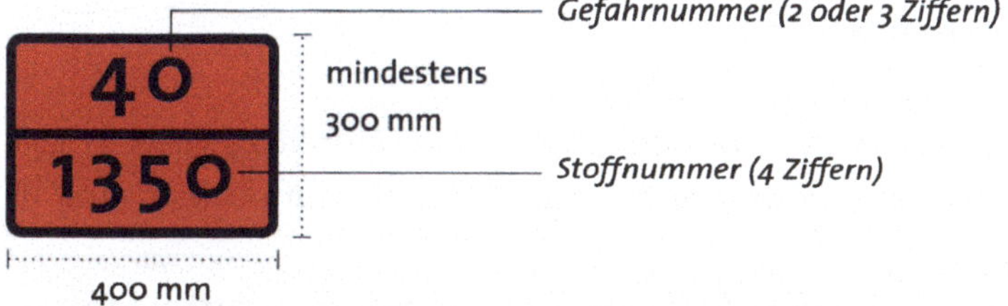

Rand, Querstrich und Ziffern schwarz mit 15 mm Strichbreite, Ziffern unauslöschbar und nach einem Brand von 15 Minuten Dauer noch lesbar. Nicht erforderlich bei Containern in loser Schüttung und Tankcontainern. (z.B. wetterfeste Selbstklebefolie oder Farbanstrich)

Die **Gefahrnummer** besteht aus zwei oder drei Ziffern, die im allgemeinen auf folgende Gefahren hinweisen:

2 Entweichen von Gas durch Druck oder chemische Reaktion

3 Entzündbarkeit von flüssigen Stoffen (Dämpfen) und Gasen oder selbsterhitzungsfähiger flüssiger Stoff

4 Entzündbarkeit von festen Stoffen oder selbsterhitzungsfähiger fester Stoff

5 Oxidierende (brandfördende) Wirkung
6 Giftigkeit oder Ansteckungsgefahr
7 Radioaktivität
8 Ätzwirkung
9 Gefahr einer spontanen heftigen Reaktion
0 ohne Bedeutung

Die **Verdoppelung** der ersten beiden Ziffern weist auf die **Zunahme** der entsprechenden Gefahr hin.

Ist der Gefahrnummer ein **'X'** vorangestellt, so bedeutet dies, daß der Stoff in **gefährlicher Weise** mit **Wasser reagiert**.

Beispiele:
20 erstickendes Gas oder Gas, das keine Zusatzgefahr aufweist
23 brennbares Gas
263 giftiges Gas, entzündbar
30 entzündbarer flüssiger Stoff (Flammpunkt 23°C bis 61°C)
33 leicht entzündbarer flüssiger Stoff (Flammpunkt unter 23°C)
48 entzündbarer oder selbsterhitzungsfähiger fester Stoff, ätzend
559 stark oxidierender (brandfördernder Stoff), der spontan zu einer heftigen Reaktion führen kann
64 giftiger Stoff, entzündbar oder selbsterhitzungsfähig
663 sehr giftiger Stoff, entzündbar (Flammpunkt nicht über 61°C)
723 radioaktives Gas, brennbar
856 ätzender oder schwach ätzender Stoff, oxidierend (brandfördernd) und giftig

Einige Ziffernkombinationen haben eine besondere Bedeutung z.B.:

22 tiefgekühltes Gas
333 pyrophorer flüssiger Stoff
44 entzündbarer fester Stoff, der sich bei erhöhter Temperatur in geschmolzenem Zustand befindet
606 ansteckungsgefährlicher Stoff
90 umweltgefährdender Stoff
99 verschiedene gefährliche Stoffe in erwärmten Zustand

Der **Anhang B.5** ist in die Verzeichnisse I, II und III gegliedert.

Verzeichnis I	namentlich aufgeführte Stoffe in alphabetischer Reihenfolge
Verzeichnis II	die im Verzeichnis I nicht namentlich aufgeführten spezifischen – oder allgemeinen Sammelbezeichnungen
Verzeichnis III	numerische Stoffnummernliste der Verzeichnisse I und II

Bezeichnung des Stoffes (a)	Klasse und Ziffer der Stoffaufzählung (b)	Nummer zur Kennzeichnung der Gefahr (obere Hälfte) (c)	Nummer zur Kennzeichnung des Stoffes (untere Hälfte) (d)	Gefahrzettel Muster Nr. (e)
Octylaldehyde	3,31c)	30	1191	3
tert-Octylmercaptan	6.1, 20b)	63	3023	6.1 + 3
Octyltrichlorsilan	8,36b)	X 80	1801	8
Ölsaatkuchen	4.2,2c)	40	1386	4.2
Ölsaatkuchen	4.2,2c)	40	2217	4.2
Ottokraftstoff (Benzin)	3,3b)	33	1203	3
Papier, mit ungesättigten	4.2,3c)	40	1379	4.2
Ölen behandelt	4.1,6c)	40	2213	4.1
Paraformaldehyd	3.31 c)	30	1264	3
Paraldehyd	3,5 a), b), c)	33	1266	3
Parfümerieerzeugnisse	3.31 c)	30	1266	3
Parfümerieerzeugnisse	4.2, 19a)	333	1380	4.2 + 6.3

Auszug aus Anhang B.5, Verzeichnis I

Gruppe der Stoffes (a)	Nummer zur Kennzeichnung des Stoffes (untere Hälfte) (b)	Nummer zur Kennzeichnung der Gefahr (obere Hälfte) (c)	Gefahrzettel Muster Nr. (d)	Klasse und Ziffer der Stoffaufzählung (e)
Erwärmter flüssiger Stoff, entzündbar, n.a.g.	3256	30	3	3.61c)
Klasse 4.1: Entzündbare feste Stoffe				
Spezifische n.a.g.-Eintragungen				
Entzündbare Metallhydride, n.a.g.	3182	40	4.1	4.1,14b),c)
Allgemeine n.a.g.-Eintragungen:				
Feste Stoffe, die entzündbare flüssige Stoffe enthalten, n.a.g.	3175	40	4.1	4.1,4c)
Entzündbarer organischer fester Stoff in geschmolzenem Zustand	3176	44	4.1	4.1,5

Auszug aus Anhang B.5, Verzeichnis II

Nummer zur Kennzeichnung des Stoffes (untere Hälfte) (a)	Bezeichnung des Stoffes (b)	Nummer zur Kennzeichnung der Gefahr (obere Hälfte) (c)	Gefahrzettel Muster Nr. (d)	Klasse und Ziffer der Stoffaufzählung (e)
3170	Nebenprodukte der Aluminiumverarbeitung	423	4.3	4.3, 13b), c)
3172	Toxine, gewonnen aus lebenden Organismen, n.a.g.	66	6.1	6.1, 90a)
3172	Toxine, gewonnen aus lebenden Organismen, n.a.g.	60	6.1	6.1, 90b), c)
3174	Titaniumdisulfid	40	4.2	4.2, 13c)
3175	Feste Stoffe, die entzündbare flüssige Stoffe enthalten, n.a.g.	40	4.1	4.1, 4c)
3176	Entzündbarer organischer fester Stoff in geschmolzenem Zustand, n.a.g.	44	4.1	4.1,5
3178	Entzündbarer anorganischer fester Stoff, n.a.g.	40	4.1	4.1, 11b), c)
3179	Entzündbarer anorganischer fester Stoff	46	4.1 + 6.1	4.1, 16b), c)

Auszug aus Anhang B.5, Verzeichnis III

Merke

- Gefahrzettel weisen auf die Gefahren hin, die von den jeweiligen Versandstücken ausgehen.
- Gefahrzettel sollen nicht nur den Fahrer, sondern auch andere Verkehrsteilnehmer auf die Gefahren hinweisen.
- Sind auf einem Versandstück verschiedene Gefahrzettel angebracht, gehen von diesem Gefahrgut verschiedene Gefahren aus.
- Ist ein Versandstück mit einem durchgestrichenen Gefahrzettel gekennzeichnet, darf der Fahrer dieses nicht zu Beförderung annehmen.
- Ein mit Plane und Spriegel bedeckter Container muß außen auf dem Fahrzeug nicht bezettelt sein.
- Warntafeln sollen auf das transportierte Gefahrgut hinweisen.
- Beförderungseinheiten, die mit gefährlichen Versandstücken beladen sind, müssen vorne und hinten mit einer Warntafel versehen sein.

- Das Anbringen von Warntafeln ist abhängig von der Art des gefährlichen Gutes und der zu befördernden Menge nach der Tabelle der 'begrenzten Mengen'.

- Gefährliche Abfälle in Versandstücken in kennzeichnungspflichtiger Menge sind mit neutralen Warntafeln zu kennzeichnen.

- Befindet sich kein Gefahrgut mehr auf dem Fahrzeug, sind die Warntafeln abzudecken oder zu entfernen.

Übungsfragen

1. Ein LKW befördert 500 l Batteriesäure (Kl.8, 1b) in 5 l Kanistern. Ist diese Beförderungseinheit zu kennzeichnen?

☐ *ja, bei mehr als* ____ *l*
☐ *nein*

Wenn ja, wie? ____

2. Ein Pritschenwagen 7,5 t ist mit 5 Flaschen a 60 kg Acetylen (Kl.2, 4F) beladen. Ist dieses Fahrzeug zu kennzeichnen?

☐ *ja, bei mehr als* ____ *kg*
☐ *nein*

Wenn ja, wie? ____

3. Ein Sattelzug befördert 750 l Sauerstoff (Kl.2, 1O) und 80 l Natronlauge (Kl.8, 42b). Ist dieses Fahrzeug zu kennzeichnen?

Sauerstoff	____	*l x Faktor*	____	=	____
Natronlauge	____	*l x Faktor*	____	=	____
			Summe:		____

☐ *ja*
☐ *nein*

Wenn ja, wie? ____

Allgemeine Vorschriften

Allgemeine Gefahreigenschaften

Dokumentation

Fahrzeug- & Beförderungsarten, Umschließungen, Ausrüstung

Aufschriften, Bezettelung und Kennzeichnung

Durchführung der Beförderung

Pflichten und Verantwortlichkeiten, Sanktionen

Maßnahmen nach Unfällen und Zwischenfällen

Abfahrtskontrolle

Vor jedem Fahrtantritt muß sich der Fahrer von der Verkehrs- und Betriebssicherheit des Fahrzeuges überzeugen. Diese Regel gilt besonders für Fahrzeuge, die Gefahrguttransporte durchführen. Es wird empfohlen, eine Abfahrtskontrolle anhand einer Checkliste durchzuführen. Diese Kontrolle gewährleistet ein systematisches Vorgehen und verhindert ein Übersehen wichtiger Prüfpunkte.

Checkliste

Begleitpapiere	ja	nein
Beförderungspapier		
Beförderungspapier korrekt ausgestellt?		
Richtige Unfallmerkblätter erhalten?		
Unfallmerkblätter im Führerhaus aufbewahrt?		
Ungültige Unfallmerkblätter vernichtet oder getrennt von den Begleitpapieren aufbewahren		
Vom Inhalt der Unfallmerkblätter Kenntnis genommen?		
ADR-Bescheinigung		
ADR-Bescheinigung gültig?		
B.3-Bescheinigung		
B.3-Bescheinigung gültig?		
Fahrwegbestimmung nach § 7 GGVS		
Bei gefährlichen Gütern nach §7 GGVS Bescheinigung der DB, WSD?		
GGVS-Ausnahme/ADR Vereinbarung		
Container-Packzertifikat		

Ausrüstung	ja	nein
Feuerlöscher: für Fahrzeugbrand, mindestens 2 kg für Ladungsbrand, mindestens 6 kg		
Plombierung vorhanden?		
Prüfdatum noch nicht abgelaufen?		
Unterlegkeile vorhanden?		
2 Warnleuchten – Kegel oder Dreieck – vorhanden?		
Warnleuchten geprüft und funktionsbereit?		
Schutzausrüstung entsprechend der Unfallmerkblätter		
Warntafeln sichtbar angebracht?		
Erste Hilfe Ausrüstung und Warndreieck vorhanden?		
Fahrbetrieb (allgemein)		
Kraftstoff im Tank?		
Ölstände in Ordnung?		
Kühlwasser in Ordnung?		
Reifen Profiltiefe kontrolliert?		
Reifen auf Schäden kontrolliert?		
Reifendruck in Ordnung?		
Bremsen in Ordnung?		
Lenkung in Ordnung?		
Lichtanlage in Ordnung?		
Federung in Ordnung?		
Chassis in Ordnung?		

Handhabung der Versandstücke

Die Handhabung der Versandstücke beim Be- und Entladen eines Fahrzeuges erfordert besondere Sorgfalt. Vor dem Beladen und nach dem Entladen muß die Ladefläche gereinigt werden, um eine Beschädigung der Versandstücke (z.B. durch herausstehende Nägel) und gefährliche Reaktionen durch austretendes Gefahrgut zu vermeiden.

Bei der Verladung von Versandstücken muß darauf geachtet werden, daß diese nicht beschädigt sind. Beschädigte Versandstücke müssen auf jeden Fall vom Fahrer zurückgewiesen werden.

Zusammenladeverbote

Werden Versandstücke mit Gütern **ausschließlich** der **Klasse 1** beladen, muß auf Zusammenladeverbote in einem Fahrzeug geachtet werden. Das gleiche gilt auch, wenn Versandstücke mit Gütern verschiedener Klassen und der Klasse 1 zusammengeladen werden.
Das Zusammenladeverbot läßt sich leicht anhand der an den Versandstücken angebrachten Gefahrzettel feststellen.

1. Für Stoffe der Klasse 1 können untereinander Zusammenladeverbote bestehen. Sie lassen sich durch die sogenannten Verträglichkeitsgruppen ermitteln.

Beispiel: *0246 Munition 1.3* ***H***

Verträglichkeitsgruppe H steht für Gegenstände, die sowohl explosiven Stoff als auch weißen Phosphor enthalten.

Verträglichkeits-gruppe	A	B	C	D	E	F	G	H	J	L	N	S
A	x											
B		x		1)								x
C			x	x	x		x				2) 3)	x
D		1)	x	x	x		x				2) 3)	x
E			x	x	x		x				2) 3)	x
F						x						x
G			x	x	x		x					x
H								x				x
J									x			x
L										4)		
N			2) 3)	2) 3)	2) 3)						2)	x
S		x	x	x	x	x	x	x	x		x	x

x = Zusammenladen erlaubt

1. Versandstücke mit Stoffen und Gegenständen der Verträglichkeitsgruppen B und D dürfen zusammen in ein Fahrzeug verladen werden, vorausgesetzt, sie werden in getrennten Behältern oder Abteilen befördert, deren Bauart von der zuständigen Behörde oder einer von ihr bestimmten Stelle zugelassen ist und die so ausgelegt sind, daß zwischen den Behältern oder Abteilen jede Explosionsübertragung von Gegenständen der Verträglichkeitsgruppe B auf Stoffe und Gegenstände der Verträglichkeitsgruppe D verhindert wird.
2. Verschiedene Gegenstände der Unterklasse 1.6 Verträglichkeitsgruppe N dürfen nur als Gegenstände der Unterklasse 1.6 Verträglichkeitsgruppe N zusammen befördert werden, wenn durch Prüfung oder Analogie bewiesen ist, daß keine zusätzliche Detonationsgefahr durch Übertragung unter den erwähnten Gegenständen besteht. Andernfalls sind sie als zur Unterklasse 1.1 gehörend zu behandeln.
3. Werden Gegenstände der Verträglichkeitsgruppe N mit Stoffen oder Gegenständen der Verträglichkeitsgruppen C, D oder E befördert, sind die Gegenstände der Verträglichkeitsgruppe N so zu behandeln, als ob sie zur Verträglichkeitsgruppe D gehörten.
4. Versandstücke mit Stoffen und Gegenständen der Verträglichkeitsgruppe L dürfen mit Versandstücken mit gleichartigen Stoffen und Gegenständen derselben Verträglichkeitsgruppe zusammen in ein Fahrzeug verladen werden.

2. Es besteht ein generelles Zusammenladeverbot von Versandstücken mit Gefahrzetteln nach Muster 1, 1.4 (ausgenommen Verträglichkeitsgruppe S), 1.5 oder 1.6 und Versandstücken mit Gefahrzetteln nach Muster:

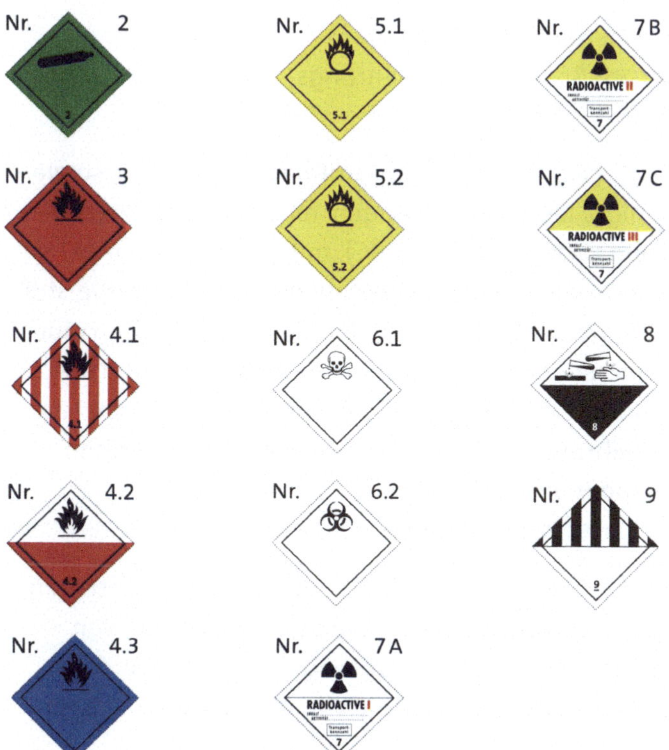

Ein weiteres Zusammenladeverbot besteht bei Versandstücken mit Gefahrzettel Muster 5.2 und 01 und Versandstücken mit Gefahrzettel Muster 1, 1.4, 1.5, 1.6, 2, 3, 4.1, 4.2, 4.3, 5.1, 6.1, 7A, 7B, 7C, 8 oder 9,

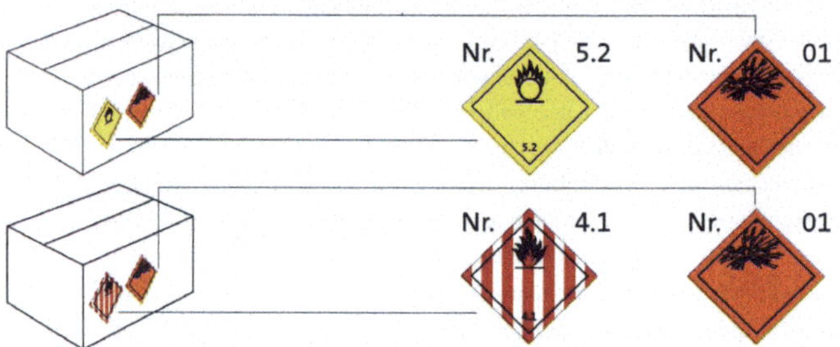

und bei Versandstücken mit Gefahrzettel Muster 4.1 und 01 und Versandstücken mit Gefahrzettel Muster 1, 1.4, 1.5, 1.6, 2, 3, 4.2, 4.3, 5.1, 5.2, 6.1, 7A, 7B, 7C, 8 oder 9.
Die Zusammenladeverbote für Güter in einem Fahrzeug gelten auch für Güter in einem Container.

Besonderheiten beim Verladen
Vorsichtsmaßnahmen bei Nahrungs-, Genuß- und Futtermitteln

Versandstücke, einschließlich Großpackmittel (IBC), sowie ungereinigte leere Verpackungen, einschließlich ungereinigte leere Großpackmittel (IBC), mit Zetteln nach Muster 6.1 oder 6.2 oder solche mit Zetteln nach Muster 9, die Stoffe der Ziffern 1, 2b), 3 oder 13b) der Klasse 9 enthalten, dürfen in Fahrzeugen und an Belade-, Entlade- und Umladestellen nicht mit Versandstücken, von denen bekannt ist, daß sie Nahrungs-, Genuß- oder Futtermittel enthalten, übereinander gestapelt werden oder in deren unmittelbarer Nähe verladen werden.

Werden diese Versandstücke mit den genannten Zetteln in unmittelbarer Nähe von Versandstücken verladen, von denen bekannt ist, daß sie Nahrungs-, Genuß- oder Futtermittel enthalten, müssen sie von diesen getrennt sein:

a. durch vollwandige Trennwände. Diese Trennwände müssen so hoch sein wie die Versandstücke mit obengenannten Zetteln; oder nach Muster 6.1, 6.2 oder 9, sofern letztere Stoffe der Ziffern 1, 2, 3 oder 13 der Klasse 9 enthalten, oder

b. durch Versandstücke, die nicht mit Zetteln nach Muster 6.1, 6.2 oder 9, sofern letztere Stoffe der Ziffern 1, 2, 3 oder 13 der Klasse 9 enthalten, versehen sind, oder

c. durch einen Abstand von mindestens 0,8 m.

es sei denn, Versandstücke mit diesen Zetteln sind zusätzlich verpackt oder vollständig abgedeckt (z.B. durch Folie, Stülpkarton oder sonstige Maßnahmen)

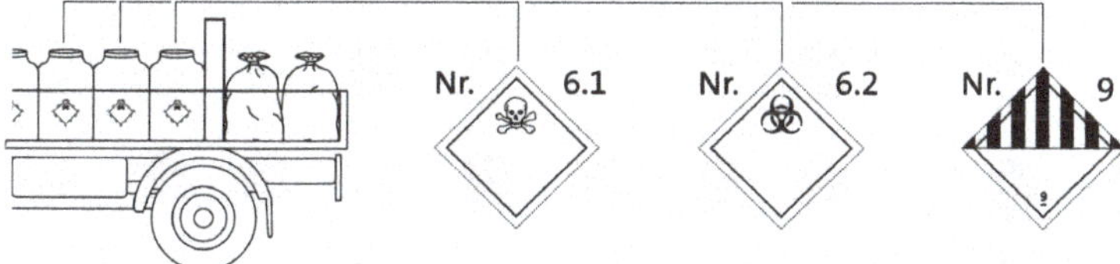

Durch diese Maßnahme soll verhindert werden, daß Nahrungs-, Genuß- und Futtermittel durch Gefahrgüter negativ beeinträchtigt werden oder bei Beschädigung von Versandstücken gefährlich reagieren.
Ferner soll die Genießbarkeit dieser -mittel und dadurch die Gesundheit für Mensch und Tier gewährleistet sein.

WICHTIG !
Versandstücke mit gefährlichen Gütern dürfen durch das Fahr- oder Begleitpersonal nicht geöffnet werden.

Bei Ladearbeiten ist der Umgang mit Feuer oder offenen Licht, in der Nähe von Versandstücken und haltenden Fahrzeugen sowie in den Fahrzeugen untersagt.

Rauchverbot
Bei Ladearbeiten von Gefahrgut besteht Rauchverbot in den Fahrzeugen und in der Nähe von Fahrzeugen.

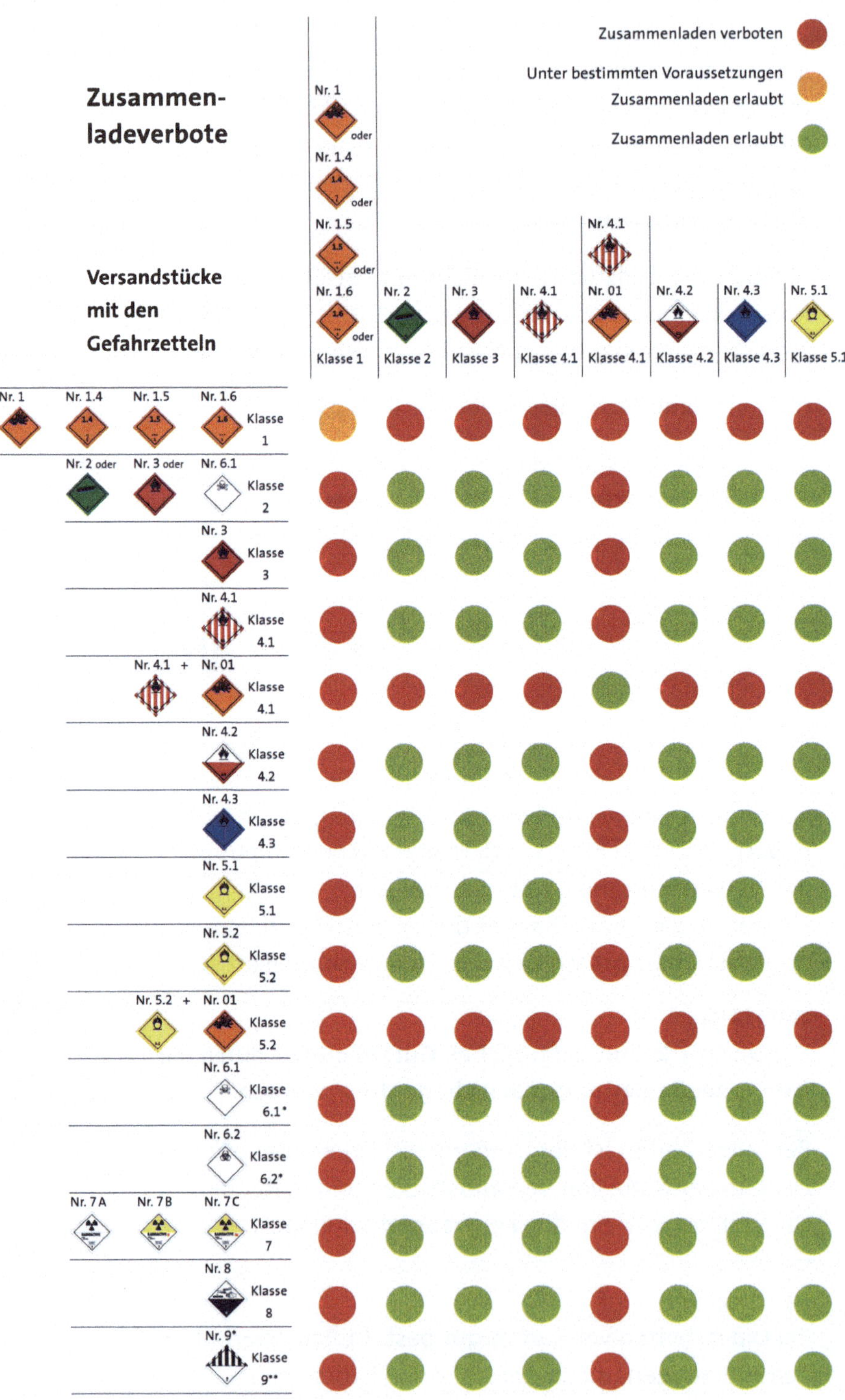
Zusammenladeverbote
Versandstücke mit den Gefahrzetteln
Zusammenladen verboten
Unter bestimmten Voraussetzungen Zusammenladen erlaubt
Zusammenladen erlaubt
Nr. 1 oder Nr. 1.4 oder Nr. 1.5 oder Nr. 1.6 oder Klasse 1
Nr. 2 Klasse 2
Nr. 3 Klasse 3
Nr. 4.1 Klasse 4.1
Nr. 4.1 Nr. 01 Klasse 4.1
Nr. 4.2 Klasse 4.2
Nr. 4.3 Klasse 4.3
Nr. 5.1 Klasse 5.1
Nr. 1 Nr. 1.4 Nr. 1.5 Nr. 1.6 Klasse 1
Nr. 2 oder Nr. 3 oder Nr. 6.1 Klasse 2
Nr. 3 Klasse 3
Nr. 4.1 Klasse 4.1
Nr. 4.1 + Nr. 01 Klasse 4.1
Nr. 4.2 Klasse 4.2
Nr. 4.3 Klasse 4.3
Nr. 5.1 Klasse 5.1
Nr. 5.2 Klasse 5.2
Nr. 5.2 + Nr. 01 Klasse 5.2
Nr. 6.1 Klasse 6.1*
Nr. 6.2 Klasse 6.2*
Nr. 7A Nr. 7B Nr. 7C Klasse 7
Nr. 8 Klasse 8
Nr. 9* Klasse 9**

*) Zusammenladeverbot mit Nahrungs-, Genuß- und Futtermittel

**) Kein Zusammenladeverbot der Ziffern 6 und 7 mit Versandstücken mit Gefahrzettel nach Muster 1, 1.4, 1.5 und 1.6

Versandstücke mit den Gefahrzetteln

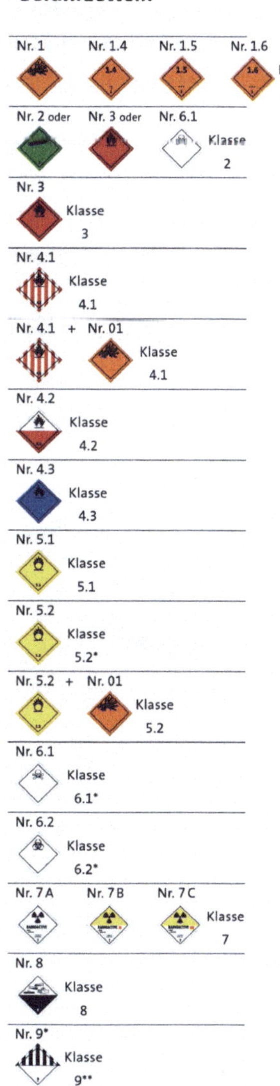

Fahrverhalten

Das Fahrverhalten eines Fahrzeuges hängt stark von dem Beladungszustand des Fahrzeuges und den gegebenen Straßen- und Witterungsverhältnissen ab.

Bei der Beladung des Fahrzeuges ist auf eine gleichmäßige Ladungsverteilung zu achten. Der Schwerpunkt sollte möglichst tief und in der Mitte liegen. Die Ladung muß durch ausreichende und geeignete Sicherung gegen Verrutschen, Umkippen und Herabfallen gesichert sein.

Da die Witterungverhältnisse das Fahrverhalten auch beeinflussen, hat der Fahrer seine Fahrweise den gegebenen Umständen anzupassen, z.B. durch Anpassung der Geschwindigkeit bei schlechter Sicht und dem Gebot bei Schnee- oder Eisglätte den nächst geeigneten Parkplatz anzufahren **(Schlecht-Wetter-Regel)**.

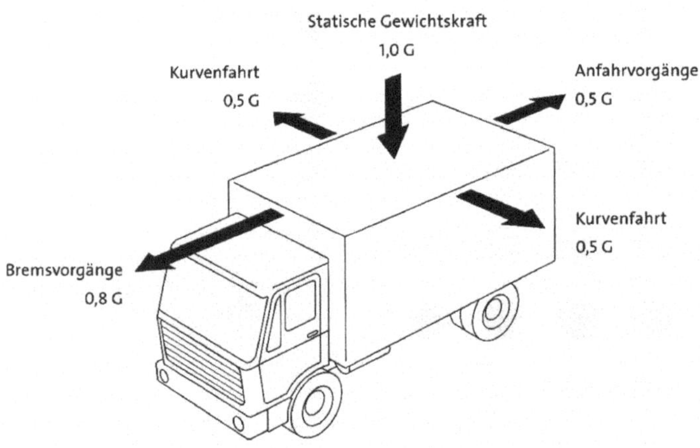

Kräfte, die beim Beschleunigen und bei der Kurvenfahrt auftreten, wirken sich sowohl auf das Fahrzeug, als auch auf die Ladung aus. Kräfte, die in Fahrtrichtung wirken, nennt man **Trägheitskräfte**. Sie versuchen beim Bremsen und Beschleunigen die ursprüngliche Bewegungsrichtung des Fahrzeuges und der Ladung beizubehalten.

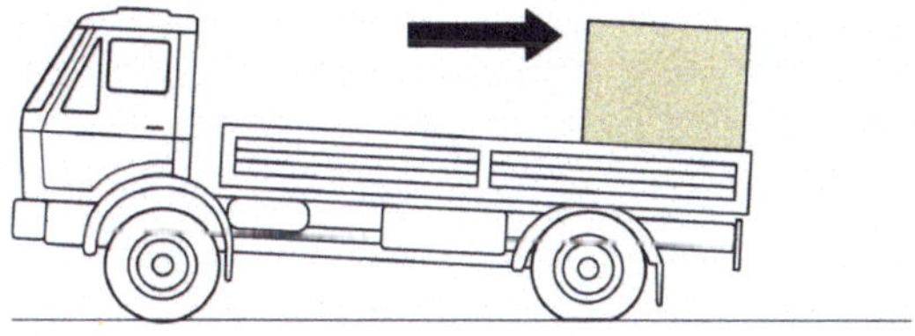

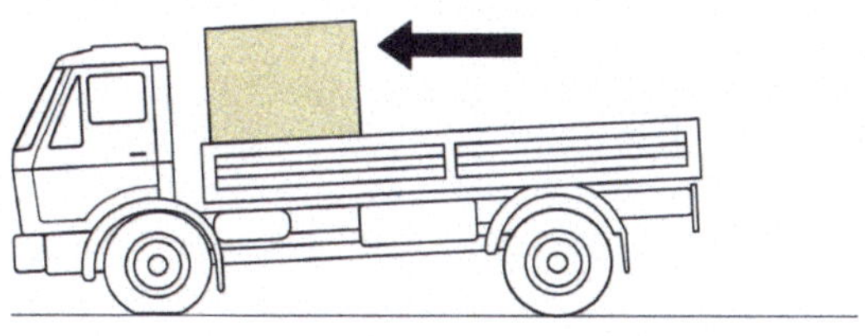

Bei Kurvenfahrt treten **Fliehkräfte** auf. Sie versuchen das Fahrzeug und die Ladung zur Kurvenaußenseite zu schieben.

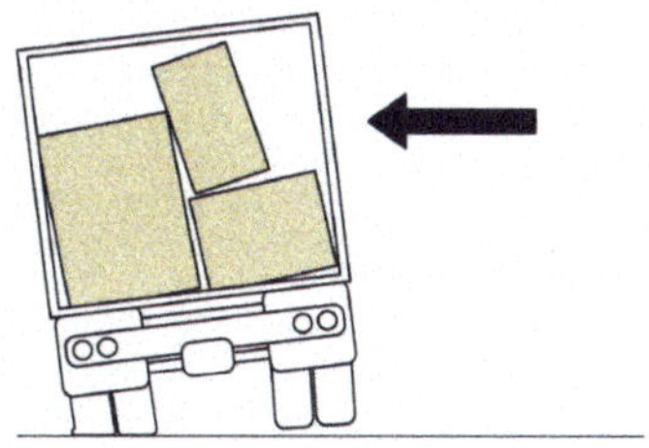

Der Beladungszustand des Fahrzeuges spielt für das Fahrverhalten eine große Rolle. Durch möglichst **niedrigen Gesamtschwerpunkt** wird die Gefahr des Kippens gemindert.

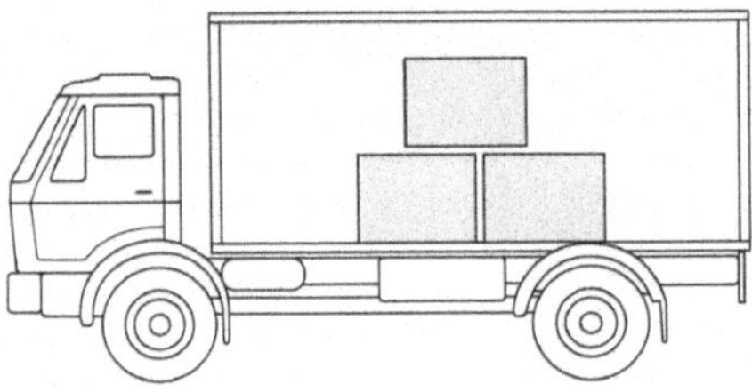

falsch

richtig

Ladungssicherung

Aufgrund unterschiedlicher Beanspruchung der Ladung können Kräfte

- beim Bremsen
- beim Beschleunigen
- bei der Kurvenfahrt
- bei schlechter Fahrbahnbeschaffenheit,

auftreten.

Deshalb müssen Ladungen gegen

- Umkippen
- Verrutschen
- Herabfallen

gesichert sein.

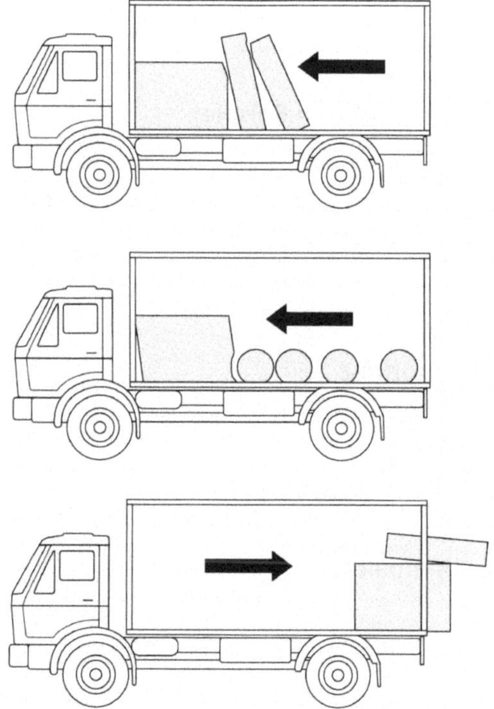

Man unterscheidet zwischen zwei Methoden der Ladungssicherung:

1. Formschlüssige Ladungssicherung

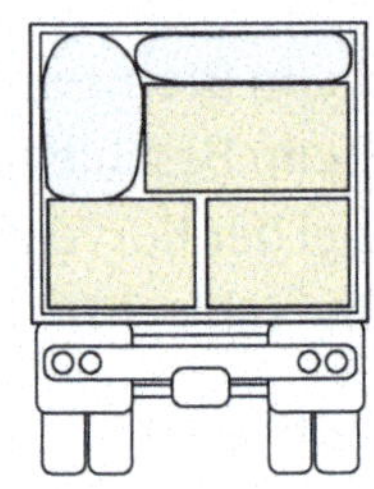

2. Kraftschlüssige Ladungssicherung

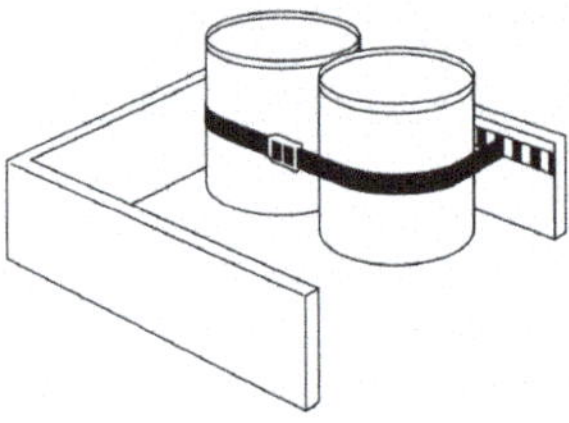

Ladungssicherungsmittel sind zum Beispiel:

- Zurrgurt
- Spannkette
- Klemmbalken
- Klemmstange
- Ladehölzer
- Stretchfolie oder Schrumpffolie
- Netz oder Plane
- Rutschhemmende Unterlage
- Anschlagpunkte (fest oder beweglich)
- Füllmittel (Luftpolster)
- Ladegestelle (Gasflaschenpalette)
- Luftkissen

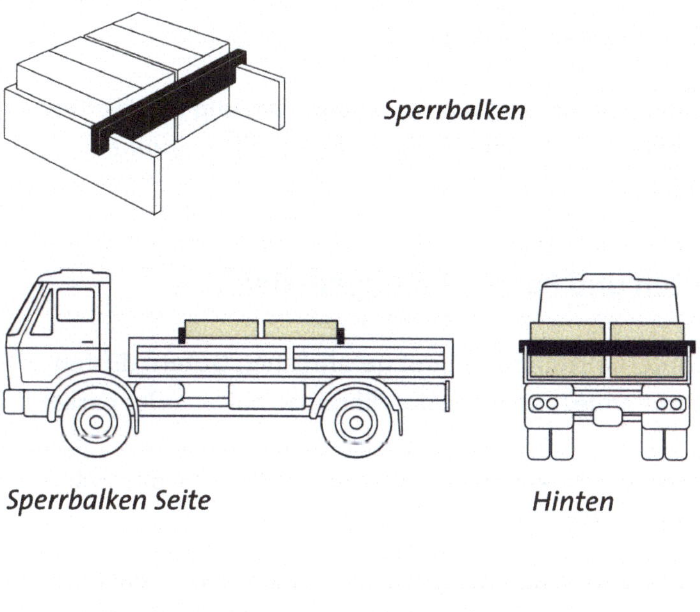

Sperrbalken

Sperrbalken Seite *Hinten*

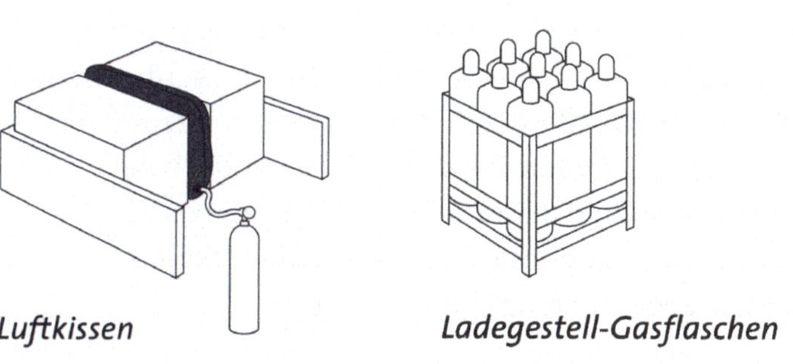

Luftkissen *Ladegestell-Gasflaschen*

Die einzelnen Teile einer Ladung mit gefährlichen Gütern müssen auf dem Fahrzeug so verstaut oder durch geeignete Mittel gesichert sein, daß sie ihre Lage zueinander sowie zu den Wänden des Fahrzeugs nur geringfügig verändern können. Eine ausreichende Ladungssicherung liegt auch vor, wenn die gesamte Ladefläche in jeder Lage mit Versandstücken vollständig ausgefüllt ist.

Fahrzeugbesatzung

Der Beförderer setzt die Fahrzeugbesatzung ein. Weitere Personen (z.B. Anhalter) dürfen nicht mitgenommen werden.

Halten und Parken im Allgemeinen

Beförderungseinheiten mit gefährlichen Gütern dürfen nur mit angezogener Feststellbremse halten oder parken.

Halten und Parken eines Fahrzeuges, das eine besondere Gefahr darstellt

Wenn die in einem haltenden oder parkenden Fahrzeug beförderten gefährlichen Güter z.B. durch Verschütten oder Leckage eine besondere Gefahr für Straßenbenutzer bilden und die Gefahr durch die Fahrzeugbesatzung nicht rasch beseitigt werden kann, muß unverzüglich die nächste zuständige Behörde benachrichtigt werden.
Der Fahrer hat nötigenfalls die im Unfallmerkblatt vorgeschriebenen Maßnahmen zu treffen.

Vorübergehendes Halten aus Betriebsgründen

Ist aus Betriebsgründen ein längeres Halten in der Nähe von bewohnten Orten oder Menschenansammlungen notwendig, so ist dies nur mit Zustimmung der zuständigen Behörde zulässig. Dies gilt für bestimmte Stoffe in den Klassen 2, 4.1, 5.2, 6.1 und 6.2.

Wenn Fahrzeuge mit Stoffen oder Gegenständen der Klasse 1 zum Be- oder Entladen an einer der Öffentlichkeit zugänglichen Stelle zum Halten gezwungen sind, so muß der Abstand zwischen den haltenden Fahrzeugen mindestens 50 m betragen.

Überwachung der Fahrzeuge

Fahrzeuge mit bestimmten gefährlichen Gütern müssen ab bestimmten Mengen überwacht werden. Ohne Überwachung dürfen sie im Freien, in einem Lager oder im Werksbereich abgesondert parken. Dabei muß ausreichende Sicherheit gewährleistet sein. Wenn solche Parkmöglichkeiten nicht vorhanden sind, darf das Fahrzeug nur dann abgestellt werden, wenn die Bewachung durch den Fahrer selbst oder durch eine unterrichtete Person (z.B. Parkwächter), die über die Gefährlichkeit der Ladung und den Aufenthaltsort des Fahrers informiert wurde, erfolgt.

Die Mindestanforderung an einen geeigneten Parkplatz ist eine von der Öffentlichkeit gewöhnlich wenig benutzte geeignete freie Fläche abseits von Hauptverkehrsstraßen und Wohngebieten.

Innerstaatliche Abweichung

Die unterrichtete Person (z.B. Parkwächter) muß in der Lage sein, die unter Kapitel 'Halten und Parken eines Fahrzeuges, das eine besondere Gefahr darstellt' vorgesehenen Maßnahmen zu ergreifen oder unverzüglich zu veranlassen.

Merke

- Eine Abfahrtskontrolle anhand einer Checkliste erhöht die Sicherheit beim Gefahrguttransport.
- Die Überprüfung der Schutzausrüstung erhöht die Sicherheit beim Gefahrguttransport.
- Die Ladefläche ist vor und nach Ladearbeiten zu reinigen.
- Beschädigte Versandstücke dürfen nicht geladen werden.
- Mit Gefahrgut verschmutzte Versandstücke dürfen vom Fahrer nicht angenommen werden.
- Bei Beladen von Stoffen der Klasse 1 zusammen mit Stoffen aus anderen Klassen besteht immer ein Zusammenladeverbot.
- Nässeempfindliche Versandstücke dürfen nicht mit offenen Fahrzeugen befördert werden.
- Giftige Stoffe müssen von Nahrungs-, Genuß- und Futtermitteln getrennt gehalten werden.
- Beim Bremsen versucht die Ladung, sich in Fahrtrichtung zu verschieben.

- Bei Kurvenfahrt versucht die Ladung, sich zur Kurvenaußenseite zu verschieben.
- Der Fahrer ist verpflichtet, wenn er selbst belädt, die Ladung mit geeigneten Ladungssicherungsmitteln zu sichern.
- Die Ladung muß so gesichert sein, daß sie ihre Lage untereinander und zu den Bordwänden nicht oder nur geringfügig verändern kann.
- Da Rauchen eine Zündquelle darstellt, besteht bei Ladearbeiten Rauchverbot.
- Rauchen bei Ladearbeiten ist nur in ausreichender Entfernung vom Fahrzeug erlaubt.
- Für den Gefahrguttransport ist nur die Fahrzeugbesatzung zugelassen.
- Eine große freie Parkfläche mit Bewachung ist der beste Parkplatz für ein Fahrzeug mit Gefahrgut.

Übungsfragen

1. Welche physikalischen Eigenschaften haben einen Einfluß auf das Fahrverhalten?

2. Welche Personen gehören zur Fahrzeugbesatzung?

3. Was soll die Ladungssicherung verhindern?

   der Ladung
   der Ladung
   der Ladung

4. Für welche Gefahrklassen besteht ein generelles Zusammenladeverbot mit anderen Klassen?

- [ ] *Klasse 4*
- [ ] *Klasse 2*
- [ ] *Klasse 1*

5. Bei welchen Witterungsverhältnissen hat der Fahrer den nächst geeigneten Parkplatz aufzusuchen?

- [ ] *Bei Schneeglätte*
- [ ] *Bei leichtem Seitenwind*
- [ ] *Bei Nebel (Sichtweite 100 m)*

6. Dürfen beschädigte oder von außen mit Gefahrgut verunreinigte Versandstücke befördert werden?

- [ ] *ja*
- [ ] *nein*

Alle am Gefahrguttransport beteiligten Personen tragen ein hohes Maß an Verantwortung. Sie haben die Pflicht, alle erforderlichen Vorkehrungen und Maßnahmen zu treffen, um Schadensfälle in ihrem Verantwortungsbereich zu verhindern und den Umfang des eingetretenen Schadens so gering wie möglich zu halten.

Pflichten und Verantwortlichkeiten sind vom Gesetzgeber in der GGVS, der ADR und in anderen Rechtsvorschriften als bindende Maßnahmen definiert.

Um der Durchsetzung und Befolgung der GGVS Nachdruck zu verleihen, hat der Gesetzgeber u.a. Ordnungswidrigkeiten beim Gefahrguttransport definiert und einen speziellen Bußgeldkatalog erstellt.

Folgende Personen tragen in ihrem Bereich ganz bestimmte Pflichten und Verantwortlichkeiten, die dazu dienen, einen sicheren Gefahrguttransport zu gewährleisten:

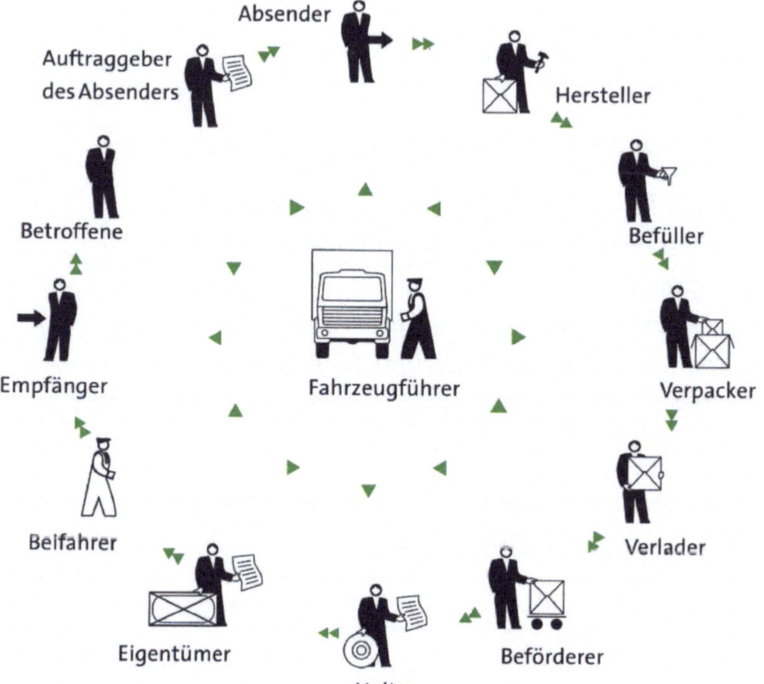

Der Auftraggeber des Absenders

- hat den Absender auf das Gefahrgut und dessen Bezeichnung (Kennzeichnungsnummer, Benennung, Klasse, Ziffer und Buchstabe) schriftlich hinzuweisen.

- hat den Absender bei Gütern für die § 7 gilt auf die Beachtung des § 7 schriftlich hinzuweisen.

Der Absender

- hat den Beförderer/Verlader auf das Gefahrgut und dessen Bezeichnung (Kennzeichnungsnummer, Benennung, Klasse, Ziffer und Buchstabe) hinzuweisen.

- hat den Beförderer/Verlader bei Gütern für die § 7 gilt auf die Beachtung des § 7 hinzuweisen.
- hat ein Beförderungspapier mitzugeben, das den Vorschriften entspricht.
- hat die Verantwortlichenerklärung zu erstellen.
- hat vor Beförderungsbeginn dem Beförderer:
  - den Bescheid der Ausnahmegenehmigung nach § 5 zu übergeben;
  - bei zwischenstaatlichen Vereinbarungen den wesentlichen Text dieser Vereinbarung zu übergeben;
  - die Kopie einer Genehmigung für die Klassen 1, 5.2 und 7 mitzugeben.
- hat Zusatzangaben aufgrund von Ausnahmen im Beförderungspapier einzutragen.

Der Hersteller

- darf nur Versandstücke und Großpackmittel, die der zugelassenen Bauart entsprechen und die in der Zulassung genannten Bedingungen erfüllen, kennzeichnen.

Der Verpacker

- hat die Vorschriften:
  - über die Verpackungen,
  - über das Zusammenpacken,
  - über die Kennzeichnung von

  Verpackungen, zu beachten.

Der Verlader

- hat den Fahrzeugführer auf das Gefahrgut und dessen Bezeichnung (Kennzeichnungsnummer, Benennung, Klasse, Ziffer und Buchstabe) hinzuweisen.

- hat den Fahrzeugführer bei Gütern für die § 7 gilt auf die Beachtung des § 7 hinzuweisen.
- hat dafür zu sorgen, daß die Unfallmerkblätter in den Besitz des Fahrers gelangen.
- darf keine beschädigten oder undichten Versandstücke übergeben.

- hat nach Teilentnahme eines Gefahrgutes aus einem Versandstück, das Versandstück nach den Vorschriften zu verschließen.
- darf nur für den Transport zugelassene Gefahrgüter übergeben.
- darf Gefahrgüter für die Beförderung in loser Schüttung und in Containern nur übergeben, wenn sie für diese Beförderungsart zugelassen sind.

Der Beförderer

- hat dafür zu sorgen, daß dem Fahrzeugführer vor Beförderungsbeginn:
  - die erforderlichen Begleitpapiere (z.B. das Beförderungspapier);
  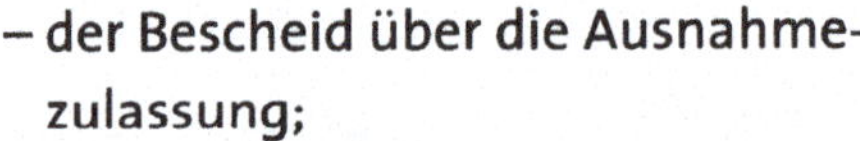
  - der Bescheid über die Ausnahmezulassung;
  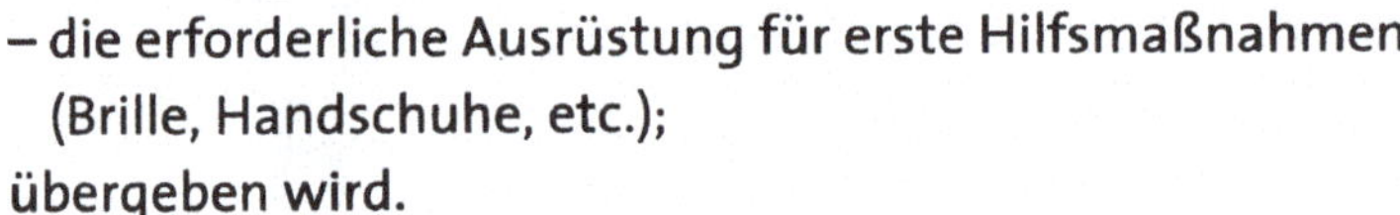
  - die erforderliche Ausrüstung für erste Hilfsmaßnahmen (Brille, Handschuhe, etc.);

  übergeben wird.
- hat dafür zu sorgen, daß die Fahrzeugbesatzung fähig ist, die Unfallmerkblätter zu verstehen und richtig anwenden kann.
- hat für die vorgeschriebene Fahrzeugbesatzung zu sorgen.
- darf nur für den Transport zugelassene Gefahrgüter befördern.
- hat die Vorschriften über die Fahrzeugarten zu beachten.
- darf Gefahrgut in loser Schüttung und in Containern nur befördern, wenn dies zulässig ist.
- muß vorgeschriebene Mengengrenzen einhalten (z.B. Klasse 1, 4.1, 5.2).

Der Halter

- hat Fahrzeuge mit Warntafeln und Gefahrzettel auszurüsten.
- hat die Vorschriften über Bau und Ausrüstung:
  - Feuerlöscher
  - Werkzeugkasten
  - Unterlegkeil
  - Warnleuchten

  der Fahrzeuge zu beachten.

Der Fahrzeugführer

- hat die für den Transport notwendigen Begleitpapiere und vorgeschriebenen Ausrüstungsgegenstände mitzuführen und zuständigen Personen auf Verlangen auszuhändigen.
- hat die Vorschriften über das Anbringen/Sichtbarmachen und Verdecken/Entfernen der Warntafeln und Gefahrzettel an Fahrzeugen zu beachten.
- darf nur unbeschädigte und dichte Versandstücke befördern.
- hat die Vorschriften über Zusammenladen, Durchführung der Beförderung und Überwachung beim Parken zu beachten.
- hat die vorgeschriebene Ausrüstung für erste Hilfsmaßnahmen mitzuführen, um die im Unfallmerkblatt vorgeschriebenen Maßnahmen treffen zu können.
- hat die Vorschriften über das Betreten von Fahrzeugen mit Beleuchtungsgeräten zu beachten.
- muß im Besitz einer gültigen ADR-Bescheinigung sein.

- hat beim Halten und Parken die Feststellbremse anzuziehen.
- hat, wenn verschüttetes Gefahrgut eine besondere Gefahr für die Straßenbenutzer darstellt, unverzüglich die Polizei zu benachrichtigen.
- muß vor Abfahrt die sichere Verstauung durch äußere Besichtigung prüfen und während der Fahrt erkennbare Störungen beheben, oder beheben lassen.

Der Empfänger

- hat an leeren Containern die Warntafeln und die Gefahrzettel zu entfernen.
- hat an leeren und entgasten Tankcontainern die Warntafeln und Gefahrzettel zu entfernen.

In der GGVS lassen sich einige Verantwortlichkeiten nicht nur einer verantwortlichen Person zuweisen. Aus diesem Grund und zur Kontrolle der Vorschriften müssen die Verantwortungen auf mehrere Personen verteilt werden. Der Verantwortungsbereich dieser Personen sollte durch einen Organisationsplan für alle am Transport Beteiligten geregelt werden.

Diese Verantwortlichkeiten wurden zusammengefaßt und lauten sinngemäß:

Der **Verlader und Fahrzeugführer** hat die Vorschriften über das Beladen, Zusammenladen und die Handhabung zu beachten.

Der **Fahrzeugführer und Empfänger** hat die Vorschriften über das Entladen zu beachten.

Der **Verlader, Beförderer, Fahrer, Beifahrer und Empfänger** hat die Vorschriften über
– das Verbot von offenem Feuer und Licht
– das Rauchverbot
zu beachten.

Der **Betroffene** hat die Auflagen einer B.3-Bescheinigung und einer Ausnahmezulassung nach § 5 zu beachten.

Wer als **unmittelbarer Besitzer** gefährliche Güter in einen Container lädt oder laden läßt, hat die außen auf dem Container vorgeschriebenen Warntafeln und Gefahrzettel anzubringen.

Der **Verlader, Fahrer und Empfänger** hat die Vorschriften über Vorsichtsmaßnahmen bei Nahrungs-, Genuß- und Futtermitteln zu beachten.

Um die Öffentlichkeit vor den Gefahren von Gefahrguttransporten zu schützen, hat der Gesetzgeber bei Nichtbefolgung der Vorschriften gesetzliche Sanktionen festgelegt.

Sie können sich z.B. in Form von Geldstrafen, Führerscheinentzug, Stillegung eines Fahrzeuges oder gerichtliche Maßnahmen gegen alle am Transport beteiligten Personen auswirken.
Die Bußgelder für ein Vergehen nach den Vorschriften der GGVS sind in einem Bußgeldkatalog festgelegt. Dieser bezieht sich auf die Ordnungswidrigkeiten im § 10 der Rahmenverordnung der GGVS.

Weitere Rechtsgrundlagen sind z.B. die Straßenverkehrsordnung (StVO), das Strafgesetzbuch (StGB) und das Bürgerliche Gesetzbuch (BGB).
Bei Geschwindigkeitsüberschreitungen nach StVO § 3 'Geschwindigkeit' wird ein Fahrer eines Gefahrguttransportes mit einem höheren Bußgeld belegt, als ein Fahrer mit einem Nicht-Gefahrguttransport.
Dies bedeutet meistens auch:
– mehr Strafpunkte,
– längeres Fahrverbot.

Nach dem StGB § 330 **'Schwere Umweltgefährdung'** kann ein Täter in besonders schweren Fällen zu einer Freiheitsstrafe von 6 Monaten bis zu 10 Jahren verurteilt werden. Dabei unterscheidet man in der Urteilsfindung zwischen **vorsätzlichem** oder **fahrlässigem** Verhalten.

Nach dem BGB § 823 **'Schadensersatzpflicht'** kann eine Person, die **vorsätzlich** oder **fahrlässig** das Leben, den Körper, die Gesundheit, die Freiheit oder ein sonstiges Recht eines anderen widerrechtlich verletzt, zum Ersatz des daraus entstehenden Schadens verpflichtet werden.

Merke

- Fahrer und Beifahrer müssen sich vor Fahrtantritt durch die Unfallmerkblätter über das Gefahrgut und die notwendigen Sofortmaßnahmen bei einem Unfall gewissenhaft informieren.
- Der Fahrer muß die Unfallmerkblätter (schriftlichen Weisungen) im Führerhaus mitführen.
- Der Fahrer hat die Begleitpapiere mitzuführen und zuständigen Personen auf Verlangen auszuhändigen.
- Der Beförderer muß dafür sorgen, daß dem Fahrer das Beförderungspapier mitgegeben wird.
- Der Fahrer muß das Fahrzeug beim Gefahrguttransport richtig kennzeichnen.
- Der Fahrer ist nach dem Transport von Gefahrgut für das Abdecken der Warntafeln am Fahrzeug verantwortlich.
- Der Fahrer ist für die Einhaltung der Fahrwegbestimmung verantwortlich.

- Der Fahrer muß mit einem Bußgeld rechnen, wenn er bei kennzeichnungspflichtigen Transporten die Warntafeln entfernt.

- Bei freiwerdendem Gefahrgut nach einem Unfall, muß der Fahrer die Polizei benachrichtigen.

- Der Fahrer muß mit einem Bußgeld rechnen, wenn er kein Beförderungspapier mitführt.

Übungsfragen

1. Benennen Sie 3 Personen, die in ihrem Bereich Verantwortlichkeiten für den Gefahrguttransport tragen.

2. Ist der Fahrer verpflichtet,wenn ausgelaufenes Gefahrgut eine besondere Gefahr für die Straßenbenutzer darstellt, die Polizei zu informieren?

- ☐ *ja*
- ☐ *nein*

3. Wer ist für das Anbringen und Entfernen/ Abdecken von Warntafeln an Beförderungseinheiten verantwortlich?

- ☐ *Der Absender*
- ☐ *Der Fahrer*
- ☐ *Der Halter*

Maßnahmen nach Unfällen und Zwischenfällen

Der Fahrzeugführer ist für die Verhütung von Gefahrgutunfällen verantwortlich. Er ist derjenige, der durch defensives Fahrverhalten seine gefährliche Ladung sicher an seinen Bestimmungsort bringen kann.

Sollte es bei einem Unfall oder Zwischenfall zu einem Schaden an der Ladung kommen, ist er durch seine besondere Schulung in der Lage, **Sofortmaßnahmen** zur **Schadensminderung** einzuleiten.

Nach einem Unfall oder Zwischenfall sollte man systematisch vorgehen. Folgende Maßnahmen sind zu ergreifen:

- **Absicherung der Unfallstelle**
- **Bergung der Verletzten**
- **Benachrichtigung der Polizei und der Hilfskräfte**
- **Entstehende Brände bekämpfen**
- **Schadensbekämpfung**

Bei all diesen Maßnahmen muß der Fahrer darauf achten, daß er sich nicht selbst gefährdet.

Absicherung der Unfallstelle

Der Fahrer ist verpflichtet:
- den Motor abzustellen und Zündquellen fernzuhalten;
- aus dem Gefahrenbereich anderer Verkehrsteilnehmer zu bleiben;
- eine Warnweste überzuziehen;
- die Warnleuchten und die Warndreiecke in ausreichender Entfernung vom Fahrzeug aufzustellen;
- andere Verkehrsteilnehmer durch Handzeichen vom Fahrbahnrand aus zu warnen;

Bergung von Verletzten

Der Fahrer ist verpflichtet:
- verletzte Personen aus dem unmittelbaren Gefahrenbereich zu bringen;
- Erste Hilfe Maßnahmen einzuleiten;
- Verletzte vor Unterkühlung zu bewahren;

Benachrichtigung der Polizei

Der Fahrer ist verpflichtet:
- Unfallmerkblätter und andere Begleitpapiere zu bergen;
- unverzüglich die Polizei zu benachrichtigen (Unfallmeldung);

Unfallmeldung

Wer	Name des Meldenden
Was	Unfall oder Zwischenfall mit Gefahrgut, freigesetztes Gefahrgut, beschädigte Versandstücke, Verletzte und Verletzungen
Wie	Unfallhergang
Wo	Unfallort

WICHTIG !
Nach Abgabe der Unfallmeldung sollte der Meldende nicht gleich auflegen, sondern möglichst auf Fragen der Polizei warten.

Entstehende Brände bekämpfen

Mit den am Fahrzeug vorhandenen Feuerlöschern können nur Entstehungsbrände bekämpft oder in Grenzen gehalten werden.
Bei Gefahrguttransporten sind Brände der folgenden Brandklassen möglich:

Brandklassen

Brände fester Stoffe, hauptsächlich organischer Natur, die normalerweise unter Glutbildung verbrennen;
z.B. Holz, Papier, Stroh, Kohle, Textilien, Autoreifen.

Brände von flüssigen oder flüssig werdenden Stoffen;
z.B. Benzin, Öle, Fette, Lacke, Harze, Wachse, Teer, Äther, Alkohole, Kunststoffe.

Brände von Gasen;
z.B. Methan, Propan, Wasserstoff, Acetylen, Stadtgas.

Brände von Metallen;
z.B. Aluminium, Magnesium, Lithium, Natrium, Kalium und deren Legierungen.

Wichtigste Regeln der Brandbekämpfung

Falsch **Richtig**

Feuer in Windrichtung angreifen

Flächenbrände vorn unten beginnend ablöschen

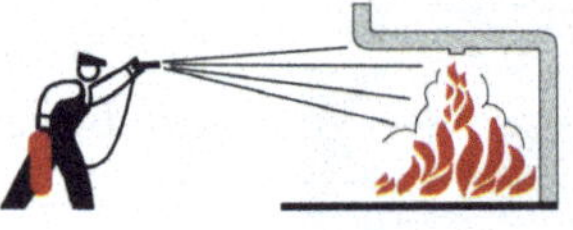

Aber: Tropf- und Fließbrände von oben nach unten löschen

Genügend Löscher auf einmal einsetzen – nicht nacheinander

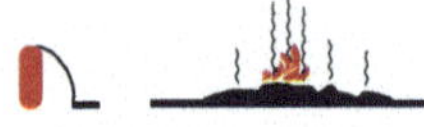

Vorsicht vor Wiederentzündung

Falsch **Richtig**

Eingesetzte Feuerlöscher nicht mehr aufhängen.
Feuerlöscher nachfüllen lassen.

Reifenbrände:
Brennende Reifen entfachen sich durch Hitze und Glut immer wieder aufs Neue. Der Fahrer sollte im Notfall bis zur vollständigen Zerstörung des Reifens weiterfahren.

Schadensbekämpfung

Der Fahrer ist verpflichtet:

- Maßnahmen entsprechend den Unfallmerkblättern zu ergreifen;
- Ausrüstung für erste Hilfsmaßnahmen zu benutzen (Schutzausrüstung);
- geeignetes Werkzeug zu benutzen;
- Leckagen zu beseitigen;
- auslaufendes Gefahrgut einzudämmen;
- zu verhindern, daß auslaufendes Gefahrgut in die Kanalisation gelangt.

Merke

- Eine Unfallmeldung sollte folgende Mindestangaben enthalten:
  - Name des Meldenden,
  - Unfallort,
  - Verletzte und deren Verletzungen,
  - befördertes und freigesetztes Gefahrgut,
  - beschädigte Versandstücke.

- Tritt bei einem Unfall oder Zwischenfall Gefahrgut aus einem Versandstück aus, und stellt dabei eine besondere Gefahr für die Straßenbenutzer dar, so muß der Fahrer unverzüglich die Polizei benachrichtigen.

- Tritt beim Be- oder Entladen von Versandstücken Gefahrgut aus, müssen Maßnahmen entsprechend den Unfallmerkblättern (schriftliche Weisungen) durchgeführt werden.

- Nach einem Unfall mit schwerem Personenschaden sind zuerst die Verletzten aus der Gefahrenzone zu bringen.

- Beim Löschen eines Brandes mit dem Feuerlöscher ist stets mit dem Wind zu löschen.

- Ein Entstehungsbrand kann am wirkungsvollsten mit dem Handfeuerlöscher gelöscht werden.

- Flüssigkeitsbrände können mit Pulver- oder CO_2-Feuerlöschern am besten gelöscht werden.

- Flüssige, leicht brennbare Gefahrgüter dürfen nicht in die Kanalisation gelangen, da sich ein Gas-Luft-Gemisch an weit entfernter Stelle entzünden und zur Explosion führen kann.

Übungsfragen

1. Ein Feuerlöscher der Brandklasse B eignet sich für Brände mit:

- ☐ *brennbaren flüssigen Stoffen*
- ☐ *brennbaren Gasen*
- ☐ *brennbaren festen Stoffen*

2. Ist der Fahrer für die Absicherung der Unfallstelle verantwortlich?

- ☐ *ja*
- ☐ *nein*

3. Ist der Fahrzeugführer nach einem Verkehrsunfall verpflichtet, die Unfallstelle abzusichern?

- ☐ *ja*
- ☐ *nein*

4. Wo sind die nach einem Gefahrgutunfall oder Zwischenfall zu ergreifenden Maßnahmen beschrieben?

- ☐ *im Frachtbrief*
- ☐ *im Unfallmerkblatt*
- ☐ *in der B3-Bescheinigung*

Allgemeine Vorschriften

Allgemeine Gefahreigenschaften

Dokumentation

Fahrzeug- & Beförderungsarten, Umschließungen, Ausrüstung

Aufschriften, Bezettelung und Kennzeichnung

Durchführung der Beförderung

Pflichten und Verantwortlichkeiten, Sanktionen

Maßnahmen nach Unfällen und Zwischenfällen

Anhang

I. GGVS
II. Begründung
III. Anlagen
IV. Bußgeldkatalog

A

Gefahrgutverordnung Straße

Erste Verordnung zur Änderung der Gefahrgutverordnung Straße (1. Straßen-Gefahrgutänderungs-verordnung) Vom ... Dezember 1998

Auf Grund des §3 Abs. 1, 2 und 5 in Verbindung mit §4 Abs. 1, des §5 Abs. 2, 3 und 5 und des §7 a des Gesetzes über die Beförderung gefährlicher Güter vom 6. Aug. 1975 (BGBl. I S. 2121), zuletzt geändert durch das Gesetz zur Änderung des Gesetzes über die Beförderung gefährlicher Güter vom ... Juli 1998 (BGBl. I S. ...) verordnet das Bundesministerium für Verkehr:

* Diese Verordnung dient der Umsetzung der Richtlinie 94/55/EG des Rates vom 21. Nov. 1994 zur Angleichung der Rechtsvorschriften der Mitgliedstaaten für den Gefahrguttransport auf der Straße (ABl. EG Nr. L 319 S. 7), geändert durch die Richtlinie 96/86/EG der Kommission vom 13. Dezember 1996 (ABl. EG Nr. L 335 S. 43) und die Richtlinie 98/.../EG der Kommission vom ...1998 (ABl. EG Nr. L ... S. ...) in deutsches Recht.

§1 Geltungsbereich

(1) Diese Verordnung regelt die innerstaatliche und grenzüberschreitende einschließlich innergemeinschaftliche (von und nach Mitgliedstaaten der Europäischen Union) Beförderung gefährlicher Güter auf der Straße mit Fahrzeugen in Deutschland, soweit in den folgenden Paragraphen nichts Abweichendes bestimmt ist.

(2) Diese Verordnung gilt hinsichtlich der in Absatz 1 genannten Beförderungen auch für Fahrzeuge, die den Streitkräften (§2 Abs. 1 Nr. 7) gehören oder für die diese Streitkräfte verantwortlich sind.

(3) Es gelten für die in Absatz 1 genannten

1. innerstaatlichen Beförderungen die Vorschriften der Anlagen A und B zu dem Europäischen Übereinkommen vom 30. Sept. 1957 über die internationale Beförderung gefährlicher Güter auf der Straße (ADR) (BGBl. 1969 II S. 1489), Anlagen A und B zuletzt geändert durch die 14. ADR-Änderungsverordnung vom ... 1998 (BGBl. 1998 II S. ...) sowie die Vorschriften derAnlagen 1 bis 3,

2. grenzüberschreitenden einschließlich innergemeinschaftlichen Beförderungen die Vorschriften der Anlagen A und B zu dem in Nr. 1 genannten ADR-Übereinkommen und die Vorschriften der Anlage 1 und 3.

(4) Die in dieser Verordnung angegebenen Randnummern und Anhänge sowie die Bezeichnungen 'Anlage A' und 'Anlage B' beziehen sich auf die Anlagen A und B zu dem in Absatz 3 Nr. 1 genannten ADR-Übereinkommen. In den Anlagen A und B zu dem ADR-Übereinkommen tritt für innerstaatliche und innergemeinschaftliche Beförderungen an die Stelle des Wortes 'Vertragspartei' das Wort 'Mitgliedstaat'.

§2 Begriffsbestimmungen

(1) Im Sinne dieser Verordnung

1. sind Fahrzeuge alle zur Teilnahme am Straßenverkehr bestimmten Kraftfahrzeuge und ihre Anhänger;

2. sind gefährliche Güter die Stoffe und Gegenstände, deren Beförderung auf der Straße nach den Anlagen A und B verboten oder nur unter bestimmten Bedingungen gestattet ist;

3. ist Beförderer, wer das Fahrzeug für die Ortsveränderung des gefährlichen Gutes verwendet;

4. ist Absender, wer mit dem Beförderer einen Beförderungsvertrag abschließt; wird kein Beförderungsvertrag abgeschlossen, so gilt der Beförderer als Absender; Absender im Sinne der Anlage B Anhang B.1a Randnr. 211 174 Satz 3 ist bei innerstaatlichen Beförderungen der Fahrzeugführer und bei grenzüberschreitenden einschließlich innergemeinschaftlichen Beförderungen der Verlader und im Sinne der Anlage B Anhang B.1b Randnummer 212 174 Satz 3 der Befüller;

5. ist Verlader, wer als unmittelbarer Besitzer das gefährliche Gut dem Beförderer zur Beförderung übergibt oder selbst befördert;

6. ist Befüller, wer als unmittelbarer Besitzer des gefährlichen Gutes dieses in einen Tankcontainer einbringt oder einbringen läßt;

7. sind Streitkräfte

a) die Bundeswehr,

b) die Streitkräfte, die sich auf Grund völkerrechtlicher Verträge oder gesetzlicher Vorschriften auf dem Gebiet der Bundesrepublik Deutschland dauernd oder vorübergehend aufhalten.

8. liegt ein zeitweiliger Aufenthalt im Verlauf der Beförderung vor, wenn dabei gefährliche Güter für den Wechsel der Beförderungsart oder des Beförderungsmittels (Umschlag) oder aus sonstigen transportbedingten Gründen zeitweilig abgestellt werden. Auf Verlangen sind Beförderungsdokumente vorzulegen, aus denen Versand- und Empfangsort feststellbar sind. Versandstücke, Tankcontainer und Tanks dürfen während

des zeitweiligen Aufenthaltes nicht geöffnet werden. Wird die Sendung nicht nach der Anlieferung entladen, gilt das Bereitstellen der Ladung beim Empfänger zur Entladung als Ende der Beförderung.
(2) Absatz 1 Nr. 1 gilt nicht für grenzüberschreitende Beförderungen nach dem ADR-Übereinkommen.

§3 Zulassung zur Beförderung
Gefährliche Güter dürfen auf der Straße nur befördert werden, wenn sie nach der Anlage A Randnr. 2002 Abs. 1 Satz 3 oder 4 zur Beförderung zugelassen und nicht nach der Anlage A Randnummer 2002 Abs. 1 Satz 4, Abs. 10, 12 oder Anlage 2 Nr. 1.1 von der Beförderung ausgeschlossen sind.

§4 Allgemeine Sicherheitspflichten
(1) Die an der Beförderung gefährlicher Güter Beteiligten haben die nach Art und Ausmaß der vorhersehbaren Gefahren erforderlichen Vorkehrungen zu treffen, um Schadensfälle zu verhindern und bei Eintritt eines Schadens dessen Umfang so gering wie möglich zu halten.
(2) Der Fahrzeugführer muß die dem Ort des Gefahreneintritts nächstgelegenen zuständigen Behörden unverzüglich benachrichtigen oder benachrichtigen lassen, wenn die beförderten gefährlichen Güter eine besondere Gefahr für andere bilden, insbesondere wenn gefährliches Gut bei Unfällen oder Unregelmäßigkeiten austritt oder austreten kann, und die Gefahr nicht rasch zu beseitigen ist.

§5 Ausnahmen
(1) Die nach Landesrecht zuständigen Stellen können auf Antrag für Einzelfälle oder allgemein für bestimmte Antragsteller
1. Abweichungen von den Anlagen A und B für Beförderungen innerhalb Deutschlands zulassen, soweit dies nach Artikel 6 Abs. 1, 3, 6, 7, 9, 10 erster Unterabsatz und Abs. 11 der Richtlinie 94/55/EG des Rates vom 21. Nov. 1994 zur Angleichung der Rechtsvorschriften der Mitgliedstaaten für den Gefahrguttransport auf der Straße (ABl. EG Nr. L 319 S. 7) zulässig ist. Die Ausnahmeentscheidungen nach Artikel 6 Abs. 10 erster Unterabsatz der Richtlinie sind dem Bundesministerium für Verkehr mitzuteilen.
2. Ausnahmen für Beförderungen innerhalb Deutschlands mit Fahrzeugen zulassen, die nicht die unter Artikel 2 zweiter Anstrich der in Nummer 1 genannten Richtlinie aufgeführten Fahrzeuge betreffen. Abweichungen sind ohne Diskriminierung insbesondere aufgrund der Staatsangehörigkeit oder des Ortes der Niederlassung des Absenders, des Straßengüterverkehrsunternehmens oder des Empfängers zu erteilen.
(2) Ausnahmen nach Absatz 1 dürfen nur zugelassen werden, wenn
1. der technische Fortschritt dies rechtfertigt, das Gut sonst von der Beförderung ausgeschlossen wäre oder die Einhaltung einer Bestimmung unzumutbar ist und
2. sichergestellt ist, daß Sicherheitsvorkehrungen, die nach den von dem Gut ausgehenden Gefahren erforderlich sind, dem Stand von Wissenschaft und Technik entsprechen; entsprechen die Sicherheitsvorkehrungen nicht dem Stand von Wissenschaft und Technik, so muß die Zulassung der Ausnahme im Hinblick auf die verbleibenden Gefahren als vertretbar angesehen werden können.
(3) Über die erforderlichen Sicherheitsvorkehrungen ist bei Abweichungen von den Anlagen A und B vom Antragsteller ein Gutachten von Sachverständigen für gefährliche Güter, für Fahrzeug- und Behälterbau oder für andere mit der Beförderung gefährlicher Güter zusammenhängende Fragen vorzulegen. In den Fällen des Absatzes 2 Nr. 2 zweiter Halbsatz müssen in diesem Gutachten auch die verbleibenden Gefahren dargestellt werden; außerdem muß begründet werden, weshalb die Zulassung der Ausnahme im Hinblick auf die verbleibenden Gefahren als vertretbar angesehen wird.
Die nach Landesrecht zuständige Stelle kann die Vorlage weiterer Gutachten auf Kosten des Antragstellers verlangen oder im Benehmen mit dem Antragsteller weitere Gutachten selbst anfordern.
(4) Werden Ausnahmen zugelassen, so sind diese schriftlich und unter dem Vorbehalt des Widerrufs für den Fall zu erteilen, daß sich die auferlegten Sicherheitsvorkehrungen als unzureichend zur Einschränkung der von der Beförderung ausgehenden Gefahren herausstellen. Ausnahmen nach Artikel 6 Absatz 10 erster Unterabsatz der in Absatz 1 Nr. 1 genannten Richlinie dürfen längstens fünf Jahre zugelassen werden; eine Verlängerung ist nicht zulässig.
(5) Das Bundesministerium der Verteidigung, das Bundesministerium des Innern, die Innenminister (-senatoren) der Länder und die für die Kampfmittelbeseitigung zuständigen obersten Landesbehörden oder die von ihnen bestimmten Stellen dürfen für ihren jeweiligen Aufgabenbereich Ausnahmen für die Bundeswehr, in ihrem Auftrag hoheitlich tätige zivile Unternehmen, ausländische Streitkräfte, den Bundesgrenzschutz und die Polizeien, die Feuerwehren, die Einheiten und Einrichtungen des Katastrophenschutzes sowie die Kampfmittelräumdienste der Länder und Kommunen von dieser Verordnung zulassen, soweit dies Gründe der Verteidigung, polizeiliche Aufgaben oder die Aufgaben der

Feuerwehren, des Katastrophenschutzes oder der Kampfmittelräumung erfordern und die öffentliche Sicherheit gebührend berücksichtigt ist. Ausnahmen nach Satz 1 sind für den Bundesnachrichtendienst zuzulassen, soweit er im Rahmen seiner Aufgaben für das Bundesministerium der Verteidigung tätig wird und soweit sicherheitspolitische Interessen dies erfordern. Absatz 2 ist anzuwenden.

(6) Hat die Bundesrepublik Deutschland Vereinbarungen nach §6 Abs. 1 Nr. 1 abgeschlossen, dürfen, soweit nicht ausdrücklich etwas anderes bestimmt ist, vom Zeitpunkt ihrer Verkündung im Bundesgesetzblatt bis zu ihrer Aufhebung innerstaatliche Beförderungen unter denselben Voraussetzungen und nach denselben Bestimmungen der Vereinbarung durchgeführt werden.

(7) Hat eine nach Landesrecht zuständige Stelle eine Ausnahme nach Absatz 1 zugelassen, darf der Ausnahmeinhaber, soweit nicht ausdrücklich etwas anderes bestimmt ist, vom Zeitpunkt ihrer Zulassung bis zu ihrer Aufhebung die Beförderung auf der deutschen Teilstrecke einer innergemeinschaftlichen oder grenzüberschreitenden Beförderung unter denselben Voraussetzungen und nach denselben Bestimmungen durchführen, wie es in der Ausnahme vorgesehen ist.

§6 Zuständigkeiten

(1) Für die Durchführung dieser Verordnung sind zuständig

1. das Bundesministerium für Verkehr

a) für den Abschluß von Vereinbarungen nach Anlage A Randnr. 2010 und nach Anlage B Randnr. 10 602, auch mit Mitgliedstaaten der Europäischen Union nach Artikel 6 Abs. 10 zweiter u. dritter Unterabsatz der in §5 Abs. 1 Nr. 1 genannten Richtlinie;

b) als zuständige Behörde nach Anlage B Anhang B.1a Randnr. 211 120 Satz 1 und Anhang B.1b Randnr. 212 120 Satz 1 [für die Bekanntgabe von technischen Richtlinien (technischem Regelwerk) nach Anhörung der zuständigen obersten Landesbehörden im Verkehrsblatt];

2. die Bundesanstalt für Materialforschung und -prüfung

a) für die Zuordnung explosiver Stoffe und Gegenstände mit Explosivstoff nach Anlage A Randnummer 2100 Abs. 3 Sätze 1 und 3 und Anhang A.1 Randnummer 3101 Abs. 3 Sätze 1 und 3 und die Genehmigung der Beförderung nach Anlage A Randnr. 2100 Abs. 3 Satz 4 und die Zuordnung nach Anlage A Randnr. 2101 Ziffer 4 Bemerkung 3 und 4 zu 0143 und Bemerkung 2 zu 0150 in Verbindung mit Randnr. 2300 Abs. 9 und Randnr. 2401 Bemerkung 2 zu Abschnitt C, soweit es sich nicht um den militärischen Bereich handelt;

b) für die Prüfung nach Anlage A Randnummer 2102 Abs. 15, 2103 Abs. 2 und die Zustimmung nach Anlage A Randnr. 2103 Abs. 3 Bem. 1 Methode EPO 1 und die Zulassung der Bauart von Behältern und Abteilen nach Anlage B Randnr. 11 403 Abs. 1 Fußnote 1, soweit es sich nicht um den militärischen Bereich handelt;

c) für die Entscheidung über das Zusammenpacken von Gegenständen der Klasse 1 Verträglichkeitsgruppe D oder E mit ihren eigenen Zündmitteln nach Anlage A Randnummer 2104 Abs. 6, soweit es sich nicht um den militärischen Bereich handelt;

d) als zuständige Behörde nach Anlage A Randnummern 2200 Abs. 7, 2201 Ziffer 6A 3164 Bemerkung e, 2204 Abs. 1 und 2219 Buchstabe f und 2250 Buchstabe n, Nr. 6 Buchstabe b;

e) für die Klassifizierung und Zuordnung nach Anlage A Randnr. 2400 Abs. 16 und für die Festsetzung der Bedingungen nach Anlage A Randnummer 240 Abs. 4;

f) für die Klassifizierung und Zuordnung organischer Peroxide nach Anlage A Randnr. 2550 Abs. 8;

g) für die Zulassung organischer Peroxide zur Beförderung in Großpackmitteln (IBC) nach Anlage A Randnummer 2555 Abs. 1;

h) für die Prüfung u. Zulassung radioaktiver Stoffe in besonderer Form;

i) für die Prüfung der Muster von zulassungspflichtigen Versandstücken für radioaktive Stoffe gemäß der vom Bundesministerium für Verkehr bekanntgegebenen Richtlinien, die sich auf diese Vorschriften beziehen;

j) für die Überwachung qualitätssichernder Maßnahmen bei der Fertigung prüfpflichtiger Versandstücke für radioaktive Stoffe nach den vom Bundesministerium für Verkehr im Verkehrsblatt bekanntgegebenen Technischen Richtlinien für die Überwachung der Fertigung von Verpackungen zur Beförderung gefährlicher Güter, die sich auf diese Vorschriften beziehen;

k) für die Überwachung der Fertigung zulassungspflichtiger Versandstücke für radioaktive Stoffe sowie deren erstmalige und wiederkehrende Prüfung;

l) für die Genehmigung höherer Lithiummengen und die Genehmigung gleichwertiger Prüfungen nach Anlage A Randnummer 2901 Ziffer 5 Bemerkungen 1 und 3 Buchstabe b und für die Festlegung der Bedingungen nach Anlage A Randnummer 2901 Ziffer 14 Bemerkung;

m) für die Zulassung des Prüfverfahrens nach Anlage A Anhang A.2 Randnummer 3200 Abs. 2;

n) für die Genehmigung neuer Legierungen nach Anlage A Anhang A.2 Randnummer 3201 Abs. 2, 3 und 4;

o) als zuständige Behörde nach Anlage A Anhänge A.5 und A.6; sie kann die Bauartprüfung von Herstellern oder Verwendern einer Verpackung oder von sonstigen Prüfstellen anerkennen; das Verfahren richtet sich nach den vom Bundesministerium für Verkehr im Verkehrsblatt bekanntgegebenen Richtlinien über die Bauartprüfung, die Erteilung der Kennzeichnung und die Zulassung von Verpackungen für die Beförderung gefährlicher Güter, die sich auf diese Vorschriften beziehen;
p) als zuständige Behörde nach Anlage A Randnr. 2653 Abs. 2, Anh. A.7 Randnummer 3771 Abs. 5 Satz 1 und nach Anlage B Anhang B.1b, in bezug auf Randnummer 212 251 Abs. 5 im Einvernehmen mit der Physikalisch-Technischen Bundesanstalt;
3. das Bundesamt für Strahlenschutz für die Genehmigung der Beförderung von radioaktiven Stoffen und für die Zulassung der Muster von Versandstücken für radioaktive Stoffe;
4. das Wehrwissenschaftliche Institut für Werk-, Explosiv- und Betriebsstoffe (WIWEB) für den militärischen Bereich für
a) die Zuordnung explosiver Stoffe und Gegenstände mit Explosivstoff nach Anlage A Randnummer 2100 Abs. 3 Sätze 1 und 3 u. Anhang A.1 Randnr. 3101 Abs. 3 Sätze 1 und 3 und die Genehmigung der Beförderung nach Anlage A Randnr. 2100 Abs. 3 Satz 4 und die Zuordnung nach Anlage A Randnr. 2101 Ziffer 4 Bemerkung 3 und 4 zu 0143 und Bemerkung 2 zu 0150 in Verbindung mit Randnr. 2300 Abs. 9 und Randnr. 2401 Bemerkung 2 zu Abschnitt C;
b) für die Prüfung nach Anlage A Randnummer 2102 Abs. 15, 2103 Abs. 2 und die Zustimmung nach Anlage A Randnr. 2103 Abs. 3 Bem. 1 Methode EPO 1 und die Zulassung der Bauart von Behältern und Abteilen nach Anlage B Randnr. 11 403 Abs. 1 Fußnote 1;
c) die Entscheidung über das Zusammenpakken von Gegenständen der Klasse 1 Verträglichkeitsgruppe D oder E mit ihren eigenen Zündmitteln nach Anlage A Randnummer 2104 Abs. 6;
5. die amtlichen oder amtlich für Prüfungen von Anlagen nach §2 Abs. 2a Nr. 2 oder 9 des Gerätesicherheitsgesetzes anerkannten Sachverständigen nach §14 Abs. 1 des Gerätesicherheitsgesetzes, die von der obersten Landesbehörde oder der von ihr bestimmten Stelle benannt oder die bei einer nach Landesrecht zuständigen Stelle tätig sind, für die Baumusterprüfung von festverbundenen Tanks, Aufsetztanks, Batterie-Fahrzeugen nach Anlage B Anhang B.1a Randnr. 211 140 und von Tankcontainern nach Anlage B Anhang B.1b Randnummer212 140;
6. die amtlichen oder amtlich für Prüfungen von Anlagen nach §2 Abs. 2a Nr. 2 oder 9 des Gerätesicherheitsgesetzes anerkannten Sachverständigen nach §14 Abs. 1 des Gerätesicherheitsgesetzes sowie die nach §31 Abs. 1 Nr. 2 und 3 der Druckbehälterverordnung oder nach §16 Abs. 1 Nr. 2, 3, 5 oder 6 der Verordnung über brennbare Flüssigkeiten für die Prüfung dieser Anlagen amtlich anerkannten Sachverständigen, die von der obersten Landesbehörde oder der von ihr bestimmten Stelle benannt oder die bei einer nach Landesrecht zuständigen Stelle tätig sind, für
a) die erstmaligen und wiederkehrenden Prüfungen von Gefäßen nach Anlage A Randnummern 2216 Abs. 1 und 2217 Abs. 1;
b) Prüfungen der Tanks und für die Festlegung des Prüfdrucks und der höchstzulässigen bzw. niedrigeren Masse (Füllfaktor) nach Anlage B Anhang B.1a und Anhang B.1b, jeweils Abschnitt 5;
7. die von der Bundesanstalt für Materialforschung und -prüfung gemäß §19 Nr. 3 der Gefahrgutverordnung See vom 24. Juli 1991 (BGBl. I S. 1714) anerkannten Sachverständigen für Prüfungen nach Anlage B Anhang B.1b Abschnitt 5 von Tankcontainern;
8. die amtlich anerkannten Sachverständigen für den Kraftfahrzeugverkehr, die von der obersten Landesbehörde oder der von ihr bestimmten Stelle benannt oder die bei einer nach Landesrecht zuständigen Stelle tätig sind, für Untersuchungen von Fahrzeugen, ausgenommen festverbundene Tanks, nach Anlage B Randnummer 10 282 Abs. 1 sowie für die Ausstellung von Bescheinigungen nach Anlage B Randnummer 10 282 Abs. 2 und für Prüfungen nach Anlage B Anhang B.2 Randnummer 220 302, 220 600 Abs. 2 und 220 713 Abs. 3;
9. die für Hauptuntersuchungen nach §29 der Straßenverkehrs-Zulassungs-Ordnung zuständigen Stellen oder Personen, die von der obersten Landesbehörde oder der von ihr bestimmten Stelle benannt oder die bei einer nach Landesrecht zuständigen Stelle tätig sind, für die Untersuchung von Fahrzeugen einschließlich der äußeren Besichtigung von festverbundenen Tanks nach Anlage B Randnummer 10 282 Abs. 4 in Verbindung mit Abs. 1 sowie für die Verlängerung der Gültigkeit von Bescheinigungen nach diesen Vorschriften;
10. die Industrie- und Handelskammern für die Durchführung, Überwachung und Anerkennung der Schulung, Auffrischungsschulung und Prüfung, Erteilung der Bescheinigungen nach Anlage B Randnr. 10 315 sowie die Anerkennung von Lehrgängen, Lehrgangsveranstaltern und Lehrkräften und insoweit für die Regelung von Einzelheiten durch Satzung;
11. das Kraftfahrt-Bundesamt für die Typ-

genehmigung nach Anlage B Randnr. 10 381;
12. das Robert-Koch-Institut für die Festlegung der Bedingungen nach Anlage A Randnr. 2650 Abs. 8.
(2) Für die Streitkräfte nach §2 Abs. 1 Nr. 7 und die Dienstbereiche des Bundesgrenzschutzes werden, soweit dies Gründe der Verteidigung oder die Aufgaben des Bundesgrenzschutzes erfordern, die Zuständigkeiten hinsichtlich der Typgenehmigung nach Anlage B Randnummer 10 281 hinsichtlich der Zulassung und der Prüfungen der Tanks und der Fahrzeuge nach Anlage B Randnr. 10 282 und 11 282 sowie Anhang B.1a, Abschnitte 4 und 5 und der Bescheinigungen nach Anlage B Randnummer 10 315 Abs. 1 bis 3, sowie für die Streitkräfte nach §2 Abs. 1 Nr. 7 hinsichtlich der Fahrwegbestimmung und Bescheinigung nach §7 durch Sachverständige oder Dienststellen wahrgenommen, die das Bundesministerium der Verteidigung oder das Bundesministerium des Innern bestellt hat.

§7 Fahrweg und Verlagerung

(1) Für die Beförderung der in der Anlage 1 aufgeführten Güter gelten in dem dort festgelegten Rahmen die Absätze 2 bis 7. Für Beförderungen entzündbarer flüssiger Stoffe der Klasse 3 der Anlage A Randnr. 2301 Ziffern 1 bis 5, die unter die Buchstaben a oder b fallen, und Ziffer 6 sind die Vorschriften der Absätze 2 u. 3 anzuwenden, ausgenommen bei Beförderungen
1. in Versandstücken, einschließlich Großpackmitteln,
2. in nicht wanddickenreduzierten zylindrischen Tanks nach Anhang 8.1a Randnummer 211 127 Abs. 2 und 3 oder Anhang B.1b Randnummer 212 127 Abs. 2 und 3, die nach einem Berechnungsdruck von mindestens 0,4 Mpa (4 bar) (Überdruck) bemessen sind und wenn dies in der Bescheinigung nach Anhang B.3 oder in einer besonderen Bescheinigung des Tankherstellers od. eines Sachverständigen nach §6 Abs. 1 Nr. 6 bestätigt ist,
3. in Doppelwandtanks nach Anhang B.1a Randnr. 211 127 Abs. 5 Buchstabe b Nr. 2 oder 3 und Anhang B.1b Randnummer 212 127 Abs. 5 oder in Aufsetztanks nach Randnummer 211 127 Abs. 5 letzter Satz oder
4. in anderen als in den Nummern 2 und 3 beschriebenen Tanks in Mengen bis zu 3 000 Liter bei Stoffen, die unter den Buchstaben a fallen, oder bis zu 6 000 Liter bei Stoffen, die unter den Buchstaben b fallen, jeweils auf Entfernungen bis zu 100 km.
(2) Gefährliche Güter nach Absatz 1 sind auf Autobahnen zu befördern. Dies gilt nicht, wenn die Benutzung der Autobahn unzumutbar ist, insbesondere wenn die Entfernung bei Benutzung der Autobahn mindestens doppelt so groß ist wie die Entfernung bei Benutzung anderer geeigneter Straßen, oder
2. nach den Vorschriften der Straßenverkehrs-Ordnung, der Ferienreiseverordnung oder nach Anlage 3 ausgeschlossen oder beschränkt ist.
(3) Der Fahrweg außerhalb der Autobahnen wird von der Straßenverkehrsbehörde für eine einzelne Fahrt oder bei vergleichbaren Sachverhalten für eine begrenzte oder unbegrenzte Zahl von Fahrten innerhalb einer bestimmten Zeit von höchstens drei Jahren schriftlich bestimmt; dies ist auch durch Allgemeinverfügung im Sinne §35 Satz 2 des Verwaltungsverfahrensgesetzes möglich, die öffentlich bekanntgegeben werden darf. Bei Sperrungen dürfen die ausgewiesenen Umleitungsstrecken ohne Fahrwegbestimmung benutzt werden. Die Fahrwegbestimmung ist vom Beförderer, Absender, Verlader oder Empfänger bei den zuständigen Straßenverkehrsbehörden zu beantragen. Der Beförderer darf die gefährlichen Güter nur befördern, wenn eine Fahrwegbestimmung erteilt ist. Er hat dafür zu sorgen, daß die Fahrwegbestimmung dem Fahrzeugführer vor Beförderungsbeginn übergeben wird. Der Fahrzeugführer muß die Fahrwegbestimmung beachten. Er muß die Fahrwegbestimmung während der Beförderung mitführen und zuständigen Personen auf Verlangen zur Prüfung aushändigen.
(4) Güter der Anlage 1 dürfen auf der Straße
1. nicht befördert werden, wenn das gefährliche Gut in einem Gleis- oder Hafenanschluß verladen und entladen werden kann, es sei denn, daß die Entfernung auf dem Schienen- oder Wasserweg mindestens doppelt so groß ist wie die tatsächliche Entfernung auf der Straße,
2. nur zum oder vom nächstgelegenen geeigneten Bahnhof oder Hafen befördert werden, wenn das gefährliche Gut
a) in Tankcontainern oder Großcontainern verladen werden kann, die gesamte Beförderungsstrecke im Geltungsbereich dieser Verordnung mehr als 200 Kilometer beträgt und der Container auf dem größeren Teil dieser Strecke mit der Eisenbahn oder dem Schiff befördert werden kann oder
b) in Straßenfahrzeuge verladen werden soll und im Huckepackverkehr befördert werden kann, die gesamte Beförderungsstrecke im Geltungsbereich dieser Verordnung mehr als 400 Kilometer beträgt und das Straßenfahrzeug auf dem größeren Teil dieser Strecke mit der Eisenbahn befördert werden kann.
(5) Bei Beförderungen von Gütern der Anlage 1 auf der Straße, ausgenommen solche nach Abs. 4 Nr. 2, hat der Beförderer durch eine Bescheinigung des Eisenbahn-Bundesamtes nachzuweisen, daß ein Gleisanschluß-,

Container- oder Huckepackverkehr nach Absatz 4 nicht möglich ist. Im Containerverkehr hat der Beförderer außerdem durch eine Bescheinigung einer Wasser- und Schiffahrtsdirektion nachzuweisen, daß Containerverkehr auf dem Wasserweg nicht möglich ist. Die Bescheinigung ist vom Beförderer, Absender, Verlader oder Empfänger zu beantragen. Die Bescheinigungen nach den Sätzen 1 und 2 dürfen bei grenzüberschreitenden Beförderungen auch von der nach Landesrecht zuständigen Behörde erteilt werden. Die Sätze 1 und 2 gelten nicht für Beförderungen auf der Straße zwischen dem Verlader oder dem Empfänger und dem nächstgelegenen geeigneten Bahnhof oder Binnen- oder Seehafen.

(6) Bei Beförderungen zum oder vom nächstgelegenen Bahnhof oder Hafen (Absatz 4 Nr. 2) muß der Beförderer im Beförderungspapier die Bezeichnung des Bahnhofes oder Hafens angeben und zusätzlich vermerken 'Beförderung nach §7 Abs. 4 Nr. 2 GGVS'. Für Beförderungen im Zusammenhang mit einem Huckepackverkehr (Absatz 4 Nr. 2 Buchstabe b) ist für die Anfuhr auf der Straße durch eine Reservierungsbestätigung der Eisenbahn oder den von ihr beauftragten Stellen und für die Abfuhr auf der Straße durch das Beförderungspapier für den Bahntransport die Teilnahme am Huckepackverkehr glaubhaft zu machen .

(7) Der Beförderer hat dafür zu sorgen, daß die Bescheinigungen nach Abs. 5 oder die Reservierungsbestätigung oder das Beförderungspapier für den Bahntransport nach Abs. 6 Satz 2 dem Fahrzeugführer vor Beförderungsbeginn übergeben wird. Der Fahrzeugführer muß die Bescheinigung oder Reservierungsbestätigung oder das Beförderungspapier für den Bahntransport während der Beförderung mitführen und zuständigen Personen auf Verlangen zur Prüfung vorlegen.

§ 8 - aufgehoben -

§ 9 Verantwortlichkeiten

(1) Der Absender hat

1. den Beförderer und, wenn die gefährlichen Güter über deutsche See-, Binnen- oder Flughäfen eingeführt worden sind, den Verlader, der als erster die gefährlichen Güter zur Beförderung mit Straßenfahrzeugen übergibt oder selbst befördert, auf das gefährliche Gut und dessen Bezeichnung (Kennzeichnungsnummer, Benennung, Klasse, Ziffer u. gegebenenfalls Buchstabe der Stoffaufzählung) sowie, wenn es sich um Stoffe handelt, die §7 Abs. 1 unterliegen, auf die Beachtung des §7 hinzuweisen;

2. dafür zu sorgen, daß für jede durch diese Verordnung geregelte Beförderung ein Beförderungspapier mitgegeben wird, das den Vorschriften der Anlage A Randnummer 2002 Abs. 3 Satz 1 und 5 und Abs. 4 entspricht und das folgende Einträge enthält:

a) Bezeichnung des gefährlichen Gutes nach Anlage A Abschnitt 2.B oder 2.C der Klassen 1 bis 6.2, 8 und 9 oder den Blättern der Klasse 7 Randnr. 2704, jeweils Nummer 10,

b) den Vermerk nach §7 Abs. 6 Satz 1, wenn §7 Abs. 4 Nr. 2 angewandt wird und

c) den Vermerk nach Anlage A Randnummer 2007 Buchstabe d, wenn eine See- oder Luftbeförderung vorangeht oder folgt;

3. dafür zu sorgen, daß die Bescheinigung nach Anlage A Randnr. 2002 Abs. 9 im Beförderungspapier enthalten oder mit dem Beförderungspapier verbunden ist;

4. dafür zu sorgen, daß dem Beförderer vor Beförderungsbeginn

a) die Ausnahmezulassung nach §5, soweit nicht der Beförderer Inhaber der Ausnahmezulassung ist, und, soweit die Beförderung auf Grund dieser Vorschrift erfolgt,

b) bei innergemeinschaftlichen und grenzüberschreitenden Beförderungen eine Kopie des wesentlichen Textes der gemäß Anlage A Randnr. 2010 oder Anlage B Randnr. 10 602 abgeschlossenen Vereinbarungen,

c) eine Kopie einer erteilten Genehmigung nach Anl. A Randnr. 2110 Abs. 5 in Verbindung mit Randnr. 2100 Abs. 3 Satz 4,

d) eine Kopie einer erteilten Genehmigung nach Anlage A Randnummer 2561 Abs. 2,

e) bei Stoffen der Klasse 7 Informationen nach Anlage A Randnummer 2710 Abs. 1 Satz 2 übergeben werden;

5. die in einer Ausnahmezulassung nach §5 Abs. 1 bis 5, einer in §5 Abs. 6 erwähnten Vereinbarung oder einer Ausnahmeverordnung nach §6 des Gesetzes über die Beförderung gefährlicher Güter vorgeschriebenen Angaben in das Beförderungspapier einzutragen, soweit die Beförderung auf Grund dieser Vorschriften erfolgt.

(2) Der Verlader

1. hat den Fahrzeugführer auf das gefährliche Gut und dessen Bezeichnung (Kennzeichnungsnummer, Benennung, Klasse, Ziffer und gegebenenfalls Buchstabe der Stoffaufzählung) sowie, wenn es sich um Stoffe handelt, die §7 Abs. 1 unterliegen, auf die Beachtung des §7 hinzuweisen;

2. darf gefährliche Güter dem Beförderer nur übergeben, wenn sie nach §3 befördert werden dürfen;

3. hat bei der Übergabe verpackter gefährlicher Güter oder ungereinigter leerer Verpackungen zur Beförderung zu prüfen, ob die Verpackung beschädigt ist; er darf ein Versandstück, dessen Verpackung beschädigt, insbesondere undicht ist, so daß gefährliches

Gut austritt oder austreten kann, zur Beförderung erst übergeben, wenn der Mangel beseitigt worden ist; gleiches gilt für ungereinigte leere Verpackungen;
4. darf ein Versandstück nach Teilentnahme des gefährlichen Gutes zur Beförderung nur übergeben oder selbst befördern, wenn der Verschluß des Versandstücks den Vorschriften der Anlage A Randnr. 2202 Abs. 2 Satz 1, Randnummer 2704 Blatt 4 Nr. 2 Buchstabe b oder Anhang A.5 Randnr. 3500 Abs. 1 Satz 1. entspricht;
a) hat abweichend von Anlage A Randnummer 2555 Abs. 2 Bemerkung vor der Tabelle darauf zu achten, daß die in Anlage A Randnummer 2555 Abs. 2 Bemerkung vor der Tabelle geforderten Bedingungen eingehalten sind;
5. darf gefährliche Güter zur Beförderung
a) in loser Schüttung nur übergeben, wenn die Beförderung nach der Anlage B für alle Klassen nach dem 1. Teil Randnummer 10 111 und für die Klassen 4.1 bis 5.1, 6.1, 8 und 9 nach dem II. Teil ieweils Abschnitt 1 oder
b) in Containern nur übergeben, wenn die Beförderung nach der Anlage B für alle Klassen nach dem 1. Teil Randnr. 10 118 und für die Klassen 1, 2, 4.1 bis 6.2, 8 und 9 nach dem II. Teil jeweils Abschnitt 1, sowie der Klasse 7 nach der Anlage A Randnummer 2703 Nr. 12 und 2704 Blätter 1 bis 13 jeweils Nr. 12
zulässig ist;
6. hat abweichend von Anlage B Randnummer 10 385 Abs. 2 und 3 dafür zu sorgen, daß die in Anlage B Randnummer 10 385 Abs. 1 und 3 erwähnten schriftlichen Weisungen in den Besitz des Fahrzeugführers gelangen;
7. hat dafür zu sorgen, daß nach Anlage B Randnummer 10 500 Abs. 11 Fahrzeuge mit festverbundenen Tanks mit den vorgesehenen Gefahrzetteln versehen werden;
8. hat den Fahrzeugführer oder Beifahrer nach Anlage 2 Nr. 2.4 Satz 1 einzuweisen
9. darf gefährliche Güter zur Beförderung
a) in Tanks, ausgenommen Tankcontainer, nur übergeben, wenn der Tank mit diesen gefährlichen Gütern nach Anlage B Anhang B.1a Randnummer 211 171 Abs. 1 Satz 1,
b) in Saug-Druck-Tanks nur übergeben, wenn der Saug-Druck-Tank mit diesen gefährlichen Gütern nach Anlage B Anhang B. 1e Randnummer 215 110
zulässig ist;
6. hat abweichend von Anlage B Randnummer 10 385 Abs. 2 dafür zu sorgen, daß die in Anlage B Randnummer 10 385 Abs. 2 erwähnten schriftlichen. Weisungen in den Besitz des Fahrzeugführers gelangen;
7. hat dafür zu sorgen, daß nach Anlage B Randnummer 10 500 Abs. 11 Fahrzeuge mit festverbundenen Tanks mit den vorgesehenen Gefahrzetteln versehen werden;
8. hat den Fahrzeugführer oder Beifahrer nach Anlage 2 Nr. 2.4 Satz 1 einzuweisen
9. darf gefährliche Guter zur Beförderung in Tanks, ausgenommen Tankcontainer, nur übergeben, wenn der Tank mit diesen gefährlichen Gütem nach Anlage B Anhang B.1a Randnummer 211 171 Abs. 1 Satz 1 gefüllt werden darf;
10. hat, wenn er den Tank nicht selbst befüllt, den höchstzulässigen Füllungsgrad oder die höchstzulässige Masse der Füllung je Liter Fassungsraum nach Anlage B Anhang B.1a Randnummer 211 172 Abs. 1 dem Fahrzeugführer anzugeben; wenn der Verlader den Tank selbst befüllt sowie bei Gütern der Anlage 1 Nummern 2 und 3 hat der Verlader die Einhaltung des höchstzulässigen Füllungsgrades oder der höchstzulässigen Masse der Füllung je Liter Fassungsraum festzustellen;
11. hat dafür zu sorgen, daß nicht befördert wird, wenn er eine Überschreitung des höchstzulässigen Füllungsgrades oder der höchstzulässigen Masse der Füllung je Liter Fassungsraum nach Anlage B Anhang B.1a Randnummer 211 172 Abs. 1 feststellt;
12. hat bei innergemeinschaftlichen und grenzüberschreitenden Beförderungen die Dichtheit der Verschlußeinrichtung nach Anlage B Anh. B. 1 a Randnummer 211 174 Satz 3 zu prüfen.
(3) Der Beförderer
1. darf gefährliche Güter
a) in loser Schüttung nur befördern, wenn die Bedingungen nach der Anlage B für alle Klassen nach dem 1. Teil Randnr. 10 111 und für die Klassen 4.1 bis 5.1, 6.1, 8 und 9 nach dem II. Teil jeweils Abschnitt 1 oder
b) in Containern nur befördern, wenn die Bedingungen nach der Anlage B für alle Klassen nach dem 1. Teil Randnummer 10 118 und für die Klassen 1, 2, 4.1 bis 6.2, 8 und 9 nach dem II. Teil jeweils Abschnitt 1, sowie der Klasse 7 nach der Anlage A Randnr. 2703 Nr. 12 und 2704 Blätter 1 bis 13, jeweils Nr. 12
eingehalten sind;
2. hat dafür zu sorgen, daß nach Anlage B Randnummer 10 315 geschulte Fahrzeugführer eingesetzt werden;
3. hat dafür zu sorgen, daß
a) die in Anlage B Randnummer 10 381, ausgenommen die Bescheinigung nach Absatz 2 Buchstabe b, und Randnummer 11 282 in Verbindung mit Randnummer 10 282 aufgeführten Begleitpapiere sowie bei innerstaatlichen Beförderungen in Aufsetztanks die Bescheinigung über die Prüfung des Aufsetztanks nach Anlage B Anhang B.1a Randnr. 211 154,
b) die in Anlage B Randnummer 10260 Buchstabe c und Randnr. 21 260 vorgeschriebenen Ausrüstungsgegenstände,

A

GGVS

c) die Ausnahmezulassung nach §5, soweit die Beförderung auf Grund dieser Vorschrift erfolgt dem Fahrzeugführer vor Beförderungsbeginn übergeben werden;
4. hat die Vorschriften über die Fahrzeugarten nach Anlage B Randnr. 10 204 Abs. 1 und Randnr. 11 204, 11 205, 41 204, 42 204, 43 204, 51 204 und 52 204 zu beachten;
5. hat den Fahrzeugführer nach Anlage B Randnr. 11 311 Abs. 1 Satz 1 in Verbindung mit Randnr. 10 311 durch einen zur Ablösung des Fahrzeugführers befähigten Beifahrer begleiten zu lassen;
6. hat dafür zu sorgen, daß
a) der Fahrzeugführer nach Anlage B Randnummer 10 385 Abs. 6 fähig ist, die schriftlichen Weisungen zu verstehen und richtig anzuwenden,
b) der Hinweis nach Anlage B Randnr. 61 500 Abs. 1 am Fahrzeug angebracht wird;
7. hat die in Anlage B Randnummern 11 401, 41 401 u. 52 401 vorgeschriebenen Mengengrenzen einzuhalten;
8. darf
a) Tanks nur nach Anlage B Anhang B.1a Randnummer 211 171 Satz 1,
b) Saug-Druck-Tanks nur nach Anlage B Anhang B. 1e Randnummer 215 110 mit gefährlichen Gütern befüllen lassen,
9. hat bei wechselweiser Verwendung von Tanks für die Entleerungs-, Reinigungs- und Entgasungsmaßnahmen nach Anlage B Anhang B.1a Randnr. 211 270 zu sorgen;
10. hat für die Einhaltung der Vorschriften in Anlage B Anhang B.1a Randnummern 211 371, 211 672, 211 771 und 211 971 über das Verbot einer anderweitigen Verwendung zu sorgen.
(4) Der Fahrzeugführer
1. darf kein Versandstück befördern, dessen Verpackung beschädigt, insbesondere undicht ist, so daß gefährliches Gut austritt oder austreten kann;
2. muß eine Bescheinigung nach Anlage B Randnummer 10 315, bei Beförderungen der Klasse 1 aucn nach Randnr. 11 315 und bei Beförderungen der Klasse 7 Blätter 5 bis 13 auch nach Randnummer 71 315 besitzen,
3. hat
a) die in Anlage B Randnummer 10 381 aufgeführten Begleitpapiere sowie bei innerstaatlichen Beförderungen in Aufsetztanks die Bescheinigung über die Prüfung des Aufsetztanks nach Anlage B Anhang B.1a Randnummer 211 154,
b) die Feuerlöschgeräte nach Anlage B Randnummer 10 240 Abs. 1,
c) die Ausrüstungsgegenstände nach Anlage B Randnummern 10 260 und 21 260,
d) die Ausnahmezulassung nach §5, soweit die Beförderung auf Grund dieser Vorschrift erfolgt, während der Beförderung mitzuführen und zuständigen Personen auf Verlangen zur Prüfung auszuhändigen;
4. hat die Vorschriften über
a) die Durchführung der Beförderung nach der Anlage B für alle Klassen nach den Randnummern 10 378, 10 431, 211 172 Absätze 3 und 4, 211 173, 211 174 Sätze 1 und 2, 211 175 bis 211 179, 212 170, 212 176 und 212 177 und
aa) für die Klasse 1 nach den Randnummern 11 108, 11 401, 11 402, 11 509 und 11 520,
bb) für die Klasse 2 nach den Randnummern 211 274 bis 211 279,
cc) für die Klasse 3 nach der Randnr. 211 370,
dd) für die Klasse 4.1 nach den Randnummern 41 105, 41 401, 41 509 und 211 473,
ee) für die Klasse 4.2 nach den Randnummern 42 105, 42 378, 211 470, 211 471 u. 211 475,
ff) für die Klasse 4.3 nach den Randnummern 211 472 und 211 474,
gg) für die Klasse 5.1 nach den Randnummern 51 105, 21 1570 und 21 1 571,
hh) für die Klasse 5.2 nach den Randnummern 52 105, 52 401, 52 509, 211 570, 211 572 und 211 573,
ii) für die Klasse 6.1 nach den Randnummern 61 302, 61 509, 61 515, 211 670 bis 211 672,
jj) für die Klasse 6.2 nach der Randnummer 62 509,
kk) für die Klasse 7 nach den Randnummern 71 325, 71 507 und 211 770,
ll) für die Klasse 8 nach den Randnummern 211 870 und 211 871 und
mm) für die Klasse 9 nach der Randnummer 211 970 und
b) die Überwachung beim Parken bei innergemeinschaftlichen und grenzüberschreitenden Beförderungen nach derAnlage B Randnummer 10 321 und nach dem II. Teil jeweils Abschn. 3 sowie bei innerstaatlichen Beförderungen auch nach Anlage 2 Nr. 2.2 zu beachten;
5. hat die Vorschriften der Randnr. 10 325, über die Mitnahme von Personen zu beachten;
6. hat dafür zu sorgen, daß die Vorschriften über das Betreten von Fahrzeugen mit Beleuchtungsgeräten der Anlage B Randnummer 10 353 eingehalten werden;
7. hat für das Anbringen od. Sichtbarmachen sowie für das Verdecken oder Entfernen der nach Anlage B Randnummer. 10 500 und nach dem II. Teil jeweils Abschnitt 5 vorgeschriebenen Warntafeln, Kennzeichnungsnummern, Gefahrzettel und Kennzeichen an Fahrzeugen und Aufsetztanks zu sorgen;
8. hat den in Anlage B Randnr. 51 260 vorgeschriebenen Behälter mit Wasser mitzuführen;
9. hat beim Halten oder Parken von Beförderungseinheiten mit gefährlichen Gütern die Feststellbremse gemäß Anlage B Randnummer 10 503 anzuziehen;

10. - aufgehoben -
11. hat die nächsten zuständigen Behörden nach Anlage B Randnummer 10 507 Satz 1 zu benachrichtigen oder benachrichtigen zu lassen;
12. hat nach Anlage B Randnr. 10 507 Satz 2 bei Gefahr die in den Weisungen nach Anl. B Randnr. 10 385 Abs. 1 Buchstaben b bis e vorgeschriebenen Maßnahmen zu treffen;
13. hat, wenn er den Tank selbst befüllt, den vom Verlader angegebenen höchstzulässigen Füllungsgrad oder die höchstzulässige Masse der Füllung je Liter Fassungsraum nach Anlage B Anhang B.1a Randnr. 211 172 Abs. 1 einzuhalten; er hat einen Füllungsgrad von höchstens 90 % einzuhalten, wenn der Verlader den höchstzulässigen Füllungsgrad für flüssige Stoffe nicht angeben kann;
14. hat bei innerstaatlichen Beförderungen die Dichtheit der Verschlußeinrichtungen nach Anlage B Anhang B.1a Randnr. 211 174 Satz 3 zu prüfen;
15. hat die Vorschriften der Anlage 3 über nicht oder beschränkt zu benutzende Autobahnstrecken zu beachten.
(5) Der Halter
1. hat die Vorschriften über die Ausrüstung der Fahrzeuge nach Anlage B Randnummer 10 260 Buchstabe a und b zu beachten;
2. hat die Vorschriften über Bau und Ausrüstung der Fahrzeuge nach der Anlage B Randnummern 10 220, 10 221, 10 240, 10 251 und 10 261, für die Klasse 1 nach den Randnummern 11 204, 11 210 und 11 251, für die Klasse 4.1 nach Randnummer 41 248, für die Klasse 5.1 nach Randnummer 51 220, für die Klasse 5.2 nach Randnummer 52 248, für die Klasse 6.2 nach Randnummer 62 240 und für die Klasse 8 nach Randnummer 81 111 Abs. 1 Satz 2, 3 und 4 zu beachten;
3. hat das Fahrzeug mit den nach Anlage B Randnummer 10 500 Abs. 1, 2 und 11 und nach dem II. Teil jeweils Abschnitt 5 erforderlichen Warntafeln, Kennzeichnungsnummern, Gefahrzetteln und Kennzeichen auszurüsten;
4. hat die Vorschriften der Randnummer 21 212 über die Belüftung der Fahrzeuge zu beachten;
5. hat dafür zu sorgen, daß
a) der Tank auch zwischen den Prüfterminen den Bau-, Ausrüstungs- und Kennzeichnungsvorschriften der Anlage B Anhang B.1a jeweils Abschnitt 2, 3 und 6,
b) der Saug-Druck-Tank auch zwischen den Prüfterminen den Bau-, Ausrüstungs- und Kennzeichnungsvorschriften der Anlage B Anhang B. 1 a jeweils Abschnitt 2, 3 und 6 entspricht;
6. hat in den Fällen derAnlage B Anhang B.1a Randnummer 211 153 eine außerordentliche Prüfung des Tanks durchführen zu lassen, wenn die Sicherheit des Tanks oder seiner Ausrüstung beeinträchtigt ist;
7. darf nur Tanks verwenden, deren Dicke der Tankwände der Anlage B Anhang B.1a Randnummer 211 170 in Verbindung mit Randnummer 211 127 Abs. 2 bis 4 entspricht.
(6) Der Auftraggeber des Absenders hat dafür zu sorgen, daß dem Absender
1. die Angaben nach Anlage A Randnummer 2002 Abs. 3 Buchstabe a, ausgenommen Namen und Anschrift des Absenders, und
2. die zusätzlichen Vermerke nach Anlage A Abschnitte 2.B und 2.C der Klassen 1 bis 6.2, 8 und 9 oder nach den Blättern der Klasse 7 Randnummer 2704, jeweils Nummer 10,
(7) Wer eigenverantwortlich Versandstücke zum Zwecke der Beförderung gefährlicher Güter verpackt oder verpacken läßt, hat die Vorschriften über
1. die Verpackung nach der Anlage A Klasse 1 bis 6.2, 8 und 9, jeweils Abschnitt 2.A. 1 und 2, sowie der Klasse 7 Randnummer 2704 Blätter 1 bis 13, jeweils Nr. 2,
2. das Zusammenpacken nach der Anlage A
a) Klasse 1 bis 6.2, 8 und 9, jeweils Abschnitt 2.A.3, sowie der Klasse 7 Randnummer 2704 Blätter 1 bis 13, jeweils Nr. 6,
b) Randnummer 2007 Buchstabe b, wenn eine See- oder Luftbeförderung vorangeht oder folgt
3. die Kennzeichnung nach der Anlage A
a) Randnummer 2002 Absatz 5,
b) Klasse 1 bis 6.2, 8 und 9, jeweils Abschnitt 2.A.4, sowie der Klasse 7 Randnummer 2704 Blätter 1 bis 13, jeweils Nr. 8,
c) Randnummer 2007 Buchstabe a, wenn eine See- oder Luftbeförderung vorangeht oder folgt,
d) Randnummern 2201a Abs. 3, 2301a Abs. 7, 2401a Abs. 3, 2471a Abs. 2, 2501a Abs. 2, 2551a Abs. 2, 2601a Abs. 3, 2801a Abs. 6 und 2901a Abs. 2, sofern diese Regelungen in Anspruch genommen werden
zu beachten.
(8) Der Empfänger hat
1. vom gereinigten und entgasten Tankcontainer nach Anlage B Randnr. 10 500 Abs. 8 und 13 die Warntafeln und Gefahrzettel zu enffernen oder zu verdecken;
2. von Containern, die keine gefährlichen Güter oder keine Reste davon enthalten, nach Anlage B Randnr. 10 500 Abs. 8 und 13 die Warntafeln und Gefahrzettel zu entfernen oder zu verdecken.
(9) Der geschäftsmäßig oder gewerbsmäßig tätige Empfänger hat bei innerstaatlichen Beförderungen den Fahrzeugführer oder Beifahrer nach Anlage 2 Nummer 2.4 Satz 2, einzuweisen.
(10) Der Eigentümer hat
1. dafür zu sorgen, daß der Tankcontainer auch zwischen den Prüfterminen den Bau-,

Ausrüstungs- und Kennzeichnungsvorschriften der Anlage B Anhang B. 1 b jeweils Abschnitt 2, 3 und 6, ausgenommen die Angabe des beförderten Ladegutes gemäß Randnr. 212 161 und die ungekürzte Benennung des Gases gemäß Randnummer 212 261, entspricht;
2. in den Fällen derAnlage B Anhang B.1b Randnummer 212 153 eine außerordentliche Prüfung des Tankcontainers durchführen zu lassen, wenn die Sicherheit des Tanks oder seiner Ausrüstung beeinträchtigt ist.
(11) Der Hersteller darf an serienmäßig hergestellten
1. Verpackungen die Kennzeichnung nach Anlage A Anhang A.5 Randnummer 3512 Abs. 1 oder
2. Großpackmitteln (IBC) die Kennzeichnung nach Anlage A Anhang A.6 Randnummer 3612 Abs. 1

nur anbringen, wenn diese der zugelassenen Bauart entsprechen und die in der Zulassung genannten Neubestimmungen erfüllt sind.
(12) Der Betroffene hat die im Rahmen
1. einer Baumusterzulassung nach Anlage B Anhang B.1a Randnr. 211 140 od. Anhang B.1b Randnr. 212 140 oder einer Bescheinigung der besonderen Zulassung nach Anlage B Anhang B.3 oder
2. einer Ausnahmezulassung nach §5, soweit die Beförderung auf Grund dieser Vorschrift erfolgt,

erlassenen Neubestimmungen zu beachten.
(13) Der Befüller
1. hat an Tankcontainern die nach Anlage B Randnummer 10 500 Abs. 2 und Randnummer 71 500 Abs. 3 vorgeschriebenen Warntafeln anzubringen;
2. hat an Tankcontainern und Batterie-Fahrzeugen die nach Anlage B Randnr. 10 500 Abs. 10 und nach dem II. Teil jeweils Abschnitt 5 vorgeschriebenen Gefahrzettel anzubringen;
3. hat an Tankcontainern
a) das beförderte Ladegut gemäß Anlage B Anhang B.1b Randnummer. 212 161,
b) die ungekürzte Benennung des Gases gemäß Anlage B Anhang B.1b Randnummer 212 261

anzugeben;
4. darf Tankcontainer nur nach Anlage B Anhang B.1b Randnummer 212 171 Satz 1 mit gefährlichen Gütern befüllen,
5. hat bei Tankcontainern den höchstzulässigen Füllungsgrad oder die höchstzulässige Masse der Füllung je Liter Fassungsraum nach Anlage B Anhang B. 1 b 1. Teil Randnr. 212 172 Abs. 1 oder II. Teil, jeweils Abschnitt 7 der einzelnen Klassen, einzuhalten;
6. hat bei Tankcontainern abweichend von Anlage B Anhang B.1b Randnummer 212 174 Satz 3 die Dichtheit der Verschlußeinrichtungen zu prüfen;
7. darf Tankcontainer nicht mit Stoffen, die gefährlich miteinander reagieren können, in nebeneinanderliegenden Tankabteilen nach Anlage B Anhang B.1b Randnummer 212 178 befüllen.
(14) Der Verlader und Fahrzeugführer haben die Vorschriften über
1. das Beladen nach der Anlage B für alle Klassen nach Randnr. 10 204 Absatz 3, 10 413, 10 417, 10 419, 212 171 bis 212 173 und 212 175,
a) für die Klasse 1 nach den Randnummern 11 407 und 11 413,
b) für die Klasse 2 nach den Randnummern 212 270, 212 274, 212 275, 212 277 und 212 278,
c) für die Klasse 3 nach den Randnummern 211 372, 212 370 bis 212 373,
d) für die Klasse 4.1 nach den Randnummern 41 105, 41 204 und 212 473,
e) für die Klasse 4.2 nach den Randnummern 42 204, 212 470, 212 471 und 212 475,
f) für die Klasse 4.3 nach den Randnummern 43 204, 212 472 und 212 474,
g) für die Klasse 5.1 nach den Randnummern 51 105, 51 204, 212 570 und 212 571,
h) für die Klasse 5.2 nach den Randnummern 52 105, 52 204, 52 402, 52 413, 212 570, 212 572 und 212 573,
i) für die Klasse 6.1 nach den Randnummern 61 407, 212 670 und 212 671,
j) für die Klasse 6.2 nach der Randnummer 62 105 und 62 412,
k) für die Klasse 7 nach Anlage A Randnummer 2703 Nr. 12, 2704 Blätter 1 bis 13 jeweils Nr. 12 und der Anlage B Randnr. 212 770,
l) für die Klasse 8 nach den Randnummern 81 413 und 212 870,
m) für die Klasse 9 nach den Randnummern 91 105, 91 407 und 212 970;
2. das Beladen nach der Anlage B Randnummer 10 400 Absatz 1 und 2;
3. das Zusammenladen nach der Anlage B Randnr. 10 403 bis 10 405, für die Klassen 1 bis 6.2, 8 und 9 nach dem II. Teil jeweils Abschnitt 4, und für die Klasse 7 nach Anlage A Randnummern 2703 Nr. 7 und 2704 Blätter 5 bis 13 jeweils Nr. 7;
4. die Handhabung nach der Anlage B Randnr. 10 414, für die Klassen 2, 4.1, 4.3, 5.1, 5.2, 6.2 und 9 nach dem II. Teil jeweils Abschnitt 4, und für die Klasse 7 nach Anlage A Randnummern 2703 Nr. 12 und 2704 Blätter 5 bis 13 jeweils Nr. 12

zu beachten.
(15) Der Fahrzeugführer und Empfänger haben die Vorschriften über
1. das Entladen nach der Anlage B Randnummer 10 415, 10 417 und 10 419, für die Klasse 1 nach der Randnr. 11 407, für die Klasse 3 nach der Randnummer 31 415, für die Klasse 4.2 nach der Randnummer 212 475 Absatz 2, für die Klasse 6.1 nach den Randnr. 61 407 und

61 415, für die Klasse 6.2 nach der Randnummer 62 415, für die Klasse 8 nach der Randnummer 81 415, für die Klasse 9 nach den Randnummern 91 407 u. 91 415, sowie für die Klasse 7 nach der Anlage A Randnr. 3712;
2. das Entladen nach Anlage B Randnummer 10 400 Absatz 3
zu beachten.
(16) Der Verlader, Beförderer, Fahrzeugführer, Beifahrer und Empfänger haben
1. die Vorschriften der Anlage B Randnummer 10 416 über das Rauchverbot;
2. die Vorschriften über das Verbot von Feuer und offenem Licht nach Anlage B Randnummer 11 354 und bei innerstaatlichen Beförderungen nach der Anlage 2 Nummer 2.3
zu beachten.
(17) Wer als unmittelbarer Besitzer gefährliche Güter in einen Container lädt oder laden läßt, hat am Container die nach Anlage B
1. Randnummer 10 500 Abs. 3 vorgeschriebenen Warntafeln;
2. Randnummer 10 500 Abs. 9 Satz 1 und Abs. 10 Satz 1 und dem II. Teil jeweils Abschnitt 5 vorgeschriebenen Gefahrzettel
anzubringen.
(18) Der Verlader, Fahrzeugführer und Empfänger haben die Vorschriften der Anlage B Randnummer 10 410 über Vorsichtsmaßnahmen bei Nahrungs-, Genuß- u. Futtermitteln zu beachten.
(19) Wer als unmittelbarer Besitzer ungereinigte leere Verpackungen zur Beförderung übergibt oder selbst befördert, hat
1. die Vorschriften über die ungereinigten leeren Verpackungen nach Anlage A Randnummern 2422 Abs. 2 u. 3, 2622 Abs. 1 und 2921 Abs. 1,
2. die Vorschriften über die Aufschriften und Gefahrzettel nach Anlage A Randnummern 2115 Abs. 2, 2237 Abs. 2, 2322 Abs. 2, 2422 Abs. 4, 2452 Abs. 2, 2492 Abs. 2, 2522 Abs. 2, 2567 Abs. 2, 2622 Abs.3, 2672 Abs. 2, 2822 Abs. 2 u. 2921 Abs. 3
zu beachten;
3. die geeigneten Maßnahmen nach Anlage A jeweils Satz 1 der Bemerkung zu Randnummern 2201 Ziffer 8 Bemerkung 2, 2301 Ziffer 71, 2401 Ziffer 51, 2501 Ziffer 41, 2601 Ziffer 91, 2801 Ziffer 91 u. 2901 Ziffer 71 zu ergreifen.

§10 Ordnungswidrigkeiten

Ordnungswidrig im Sinne des §10 Abs. 1 Nr. 1 des Gesetzes über die Beförderung gefährlicher Güter handelt, wer vorsätzlich oder fahrlässig
1. entgegen §7 Abs. 3 Satz 3 gefährliche Güter ohne Fahrwegbestimmung befördert,
2. entgegen §7 Abs. 3 Satz 4 nicht dafür sorgt, daß der Bescheid über die Fahrwegbestimmung oder entgegen §7 Abs. 7 Satz 1 nicht dafür sorgt, daß die Bescheinigung, die Reservierungsbestätigung oder das Beförderungspapier für den Bahntransport dem Fahrzeugführer vor Beförderungsbeginn übergeben wird,
3. entgegen §7 Abs. 3 Satz 5 die Fahrwegbestimmung nicht beachtet,
4. entgegen §7 Abs. 3 Satz 6 den Bescheid über die Fahrwegbestimmung oder entgegen §7 Abs. 7 Satz 2 die Bescheinigung, die Reservierungsbestätigung oder das Beförderungspapier für den Bahntransport nicht mitführt oder aushändigt,
5. entgegen §9 Abs. 1
a) Nr. 1 den Beförderer oder Verlader nicht hinweist,
b) Nr. 2 nicht dafür sorgt, ein Beförderungspapier mitzugeben, oder nicht dafür sorgt, ein Beförderungspapier mitzugeben, das den Vorschriften entspricht,
c) Nr. 4 Buchstabe a, c, d oder e nicht dafür sorgt, daß die Ausnahmezulassung, die Kopien oder Informationen rechtzeitig übergeben werden,
6. entgegen §9 Abs. 2
a) Nr. 1 den Fahrzeugführer nicht hinweist,
b) Nr. 2 gefährliche Güter dem Beförderer übergibt,
c) Nr. 3 nicht prüft, ob eine Verpackung beschädigt ist oder ein Versandstück oder eine ungereinigte leere Verpackung ohne Beseitigung des Mangels übergibt,
d) Nr. 4 ein Versandstück nach Teilentnahme übergibt oder befördert,
e) Nr. 5 gefährliche Güter zur Beförderung in loser Schüttung oder in Containern übergibt,
f) Nr. 6 nicht dafür sorgt, daß die schriftlichen Weisungen in den Besitz des Fahrzeugführers gelangen,
g) Nr. 7 nicht dafür sorgt, daß die Fahrzeuge mit Gefahrzetteln versehen werden,
h) Nr. 8 den Fahrzeugführer oder Beifahrer nicht einweist,
i) Nr. 9 gefährliche Güter zur Beförderung in Tanks übergibt,
j) Nr. 10 eine Angabe dem Fahrzeugführer nicht mitteilt,
k) Nr. 11 nicht dafür sorgt, daß nicht befördert wird oder
l) Nr. 12 die Dichtheit nicht prüft,
7. entgegen §9 Abs 3
a) Nr. 1 gefährliche Güter in loser Schüttung oder in Containern befördert,
b) Nr. 2 Fahrzeugführer ohne Schulung einsetzt,
c) Nr. 3 nicht dafür sorgt, daß die Begleitpapiere nach Anlage B Randnummer 10 281 Abs. 1 Buchstabe a – ausgenommen Randnummer 2002 Abs. 9 – oder Abs. 2 Buchstabe a, c oder d oder Randnummer 11 282, die Bescheinigung nach Anlage B Randnummer 211 154 Satz 2 und 3, die Ausrüstungsgegenstände nach Anlage B Randnummer 21 260 oder die Ausnahmezulassung nach §5 dem Fahrzeugführer rechtzeitig übergeben werden,

A GGVS

d) Nr. 4 eine Vorschrift über die Fahrzeugarten nicht beachtet,
e) Nr. 5 den Fahrzeugführer nicht durch einen Beifahrer begleiten läßt,
f) Nr. 6 nicht dafür sorgt, daß der Fahrzeugführer fähig ist, die Weisungen zu verstehen und anzuwenden und, daß der Hinweis am Fahrzeug angebracht wird,
g) Nr. 7 eine Mengengrenze nicht einhält,
h) Nr. 8 Tanks mit gefährlichen Gütern befüllen läßt oder
i) Nr. 9 oder 10 nicht für die Einhaltung der dort angegebenen Vorschriften sorgt,
8. entgegen §9 Abs. 4
a) Nr. 1 ein Versandstück befördert,
b) Nr. 2 eine Bescheinigung nicht besitzt,
c) Nr. 3 ein Begleitpapier nach Anlage B Randnummer 10 381 Abs. 1 Buchstabe a oder Abs. 2, die Bescheinigung nach Anlage B Randnummer 211 154, ein Feuerlöschgerät nach Anlage B Randnummer 10 240 Abs. 1 oder einen Ausrüstungsgegenstand nach Anlage B Randnummern 10 260 Buchstabe a oder b, 21260, 43 260 oder 61 260 Satz 1 oder die Ausnahmezulassung nicht mitführt oder aushändigt,
d) Nr. 4 eine Vorschrift über die Durchführung der Beförderung oder die Überwachung beim Parken nicht beachtet,
e) Nr. 6 nicht für die Einhaltung der Vorschriften über das Betreten von Fahrzeugen mit Beleuchtungsgeräten sorgt,
f) Nr. 7 nicht für das Anbringen, Sichtbarmachen, Verdecken oder Entfernen sorgt,
g) Nr. 8 einen Behälter mit Wasser nicht mitführt,
h) Nr. 9 die Feststellbremse nicht anzieht,
j) Nr. 11 die Behörden nicht oder nicht rechtzeitig benachrichtigt o. benachrichtigen läßt,
k) Nr. 12 eine vorgeschriebene Maßnahme nicht trifft,
l) Nr. 13 den höchstzulässigen Füllungsgrad oder die höchstzulässige Masse der Füllung je Liter Fassungsraum nicht einhält oder
m) Nr. 14 die Dichtheit nicht prüft,
n) Nr. 15 die Anlage 3 nicht beachtet,
9. entgegen §9 Abs. 5
a) Nr. 1 eine Vorschrift über die Ausrüstung nicht beachtet,
b) Nr. 2 eine Vorschrift über Bau oder Ausrüstung der Fahrzeuge nicht beachtet,
c) Nr. 3 ein Fahrzeug nicht mit Warntafeln, Kennzeichnungsnummem, Gefahrzetteln oder Kennzeichen ausrüstet,
d) Nr. 5 nicht dafür sorgt, daß der Tank den Vorschriften entspricht oder
e) Nr. 6 eine außerordentliche Prüfung des Tanks nicht durchführen läßt,
10. entgegen §9 Abs. 6 nicht dafür sorgt, daß dem Absender die Angaben mitgeteilt werden und er hingewiesen wird,
11. entgegen §9 Abs. 7 eine Vorschrift über die Verpackung, das Zusammenpacken oder die Kennzeichnung nicht beachtet,
12. entgegen §9 Abs. 8 Warntafeln oder Gefahrzettel nicht entfernt und nicht verdeckt,
13. entgegen §9 Abs. 9 den Fahrzeugführer oder Beifahrer nicht einweist,
14. entgegen §9 Abs. 10
a) Nr. 1 nicht dafür sorgt, daß der Tankcontainer den Vorschriften entspricht oder
b) Nr. 2 eine außerordentliche Prüfung nicht durchführen läßt,
15. entgegen §9 Abs. 11 die Kennzeichnung anbringt,
16. entgegen §9 Abs. 12 eine vollziehbare Auflage nicht beachtet,
17. entgegen §9 Abs. 13
a) Nr. 1 eine Warntafel nicht anbringt,
b) Nr. 2 einen Gefahrzettel nicht anbringt,
c) Nr. 3 das Ladegut oder die Benennung nicht angibt,
d) Nr. 4 einen Tankcontainer mit gefährlichen Gütern befüllt,
e) Nr. 5 den höchstzulässigen Füllungsgrad oder die höchstzulässige Masse der Füllung je Liter Fassungsraum nicht einhält,
f) Nr. 6 die Dichtheit nicht prüft oder
g) Nr. 7 Tankcontainer befüllt,
18. entgegen §9 Abs. 14
a) Nr. 1 eine Vorschrift über das Beladen nicht beachtet,
b) Nr. 3 eine Vorschrift über das Zusammenladen nicht beachtet,
c) Nr. 4 eine Vorschrift über die Handhabung nicht beachtet,
19. entgegen §9 Abs. 15 Nr. 1 eine Vorschrift über das Entladen nicht beachtet,
20. entgegen §9 Abs. 16
a) Nr. 1 eine Vorschrift über das Rauchverbot nicht beachtet oder
b) Nr. 2 eine Vorschrift über das Verbot von Feuer oder offenem Licht nicht beachtet,
21. entgegen §9 Abs. 17 eine Warntafel oder einen Gefahrzettel nicht anbringt,
22. entgegen §9 Abs. 18 eine Vorschrift über Vorsichtsmaßnahmen nicht beachtet
23. entgegen §9 Abs. 19
a) Nr. 1 eine Vorschrift über die ungereinigten leeren Verpackungen nicht beachtet oder
b) Nr. 2 eine Vorschrift über die Kennzeichnung nicht beachtet.

§11 - aufgehoben -

§12 - aufgehoben -

§13 Inkrafttreten, Außerkraftreten

Diese Verordnung tritt am Tag nach der Verkündung in Kraft.
Gleichzeitig tritt die Gefahrgutverordnung Straße in der Fassung der Bekanntmachung vom 18. Juli 1995 (BGBl. I S. 1025) außer Kraft.
Der Bundesrat hat zugestimmt.

Begründung

Allgemeines

Die vorliegende Verordnung verfolgt im wesentlichen folgende Ziele:
1. Umsetzung des Gesetzes zur Änderung des Gesetzes über die Beförderung gefährlicher Güter (GGBefÄndG) (BGBl. I 1998 S. ...),
2. Umsetzung der Richtlinien 96/86/EG und 98/.../EG zur Anpassung der Richtlinie 94/55/EG in deutsches Recht und
3. Inkraftsetzung der 14. ADR-Änderungsverordnung für innerstaatliche Beförderungen und Folgeänderungen aus den damit verbundenen internationalen Rechtsänderungen.
Im übrigen werden unter dem Gesichtspunkt der Reduzierung der Regelungen auf das unbedingt notwendige Maß die §§11 und 12 aufgehoben, darin enthaltene weiterhin erforderliche Regelungen werden in die Anlage 2 überführt.

Die zum 1. Januar 1999 in den Anlagen A und B des ADR in Kraft tretenden Änderungen können im Einzelfall bei den Betroffenen zu höheren Kostenbelastungen führen und tendenziell preissteigernd wirken, ohne daß sich die Preisanhebungen im vorhinein quantifizieren lassen. Dies ist aber im Interesse der Erhöhung der Sicherheit und unter besonderer Berücksichtigung des Schutzes der Allgemeinheit vor Gefahren, die mit dem Transport gefährlicher Güter auf der Straße verbunden sind, hinzunehmen. Eventuelle Preisanhebungen im Einzelfall dürften so gering sein, daß sich Auswirkungen auf das Preisniveau, insbesondere das Verbraucherpreisniveau, daraus nicht ergeben. Auswirkungen auf die öffentliche Haushalte bei Bund, Ländern und Gemeinden sind nicht erkennbar. Die erwähnte Kostenbelastung entsteht wegen der Gleichheit der Anforderungen in allen Mitgliedsstaaten der EU gleichermaßen; den Betroffenen aus dem Bundesgebiet entstehen insofern keine Wettbewerbsnachteile.

Zu den Einzelvorschriften

Artikel 1 Nr. 1 (Fußnote zur Überschrift)
Die Verordnung setzt die Anpassungsrichtlinien 96/86/EG vom 13. Dezember 1996 und 98/.../EG vom ... 1998 in deutsches Recht um.

Artikel 1 Nr. 2 (§1 Abs. 3 Nr. 1)
Zum 1. Januar 1999 treten in den Anlagen A und B zum ADR-Übereinkommen völkerrechtlich Änderungen in Kraft. Diese sind mit der 14. ADR-Änderungsverordnungen vom ... 1998 im BGBl. 1998 II S. ... bekanntgegeben. Durch den Bezug in §1 Abs. 3 Nr. 1 gelten die mit der 14. ADR-Änderungsverordnung bekanntgegeben Änderungen auch für innerstaatliche Beförderungen.

Artikel 1 Nr. 3 (§2 Abs. 1)
Buchstabe a (Nummer 7 Buchstabe b)
Die bisher in den Buchstaben b, c und d genannten Rechtsgrundlagen werden durch die Neuformulierung des Buchstaben b zusammengefaßt. Völkerrechtliche Verträge oder gesetzliche Vorschriften im Sinne des neuen Buchstaben b sind weiterhin
– das Gesetz zu dem Abkommen vom 18. März 1993 zur Änderung des Zusatzabkommens zum NATO-Truppenstatut und zu weiteren Übereinkünften vom 28. September 1994 (BGBl. 1994 II S. 2594),
– das Gesetz zu dem Abkommen zwischen den Parteien des Nordatlantikvertrages vom 19. Juni 1951 über die Rechtsstellung ihrer Truppen und zu den Zusatzvereinbarungen vom 3. August 1959 zu diesem Abkommen von 18. August 1961 (BGBl. 1961 II S. 1183), geändert durch Gesetz vom 29. November 1966 (BGBl. I S. 653) und
– das Streitkräfteaufenthaltsgesetz vom 20. Juli 1995 (BGBl. 1995 II S. 554).

Buchstabe b (Nummer 8)
§2 Abs. 2 des Gesetzes über die Beförderung gefährlicher Güter (GGBefG) subsumiert dem Begriff Beförderung u. a. zeitweilige Aufenthalte. Die Begriffsbestimmung für den Begriff 'zeitweiliger Aufenthalt' entspricht der Begriffsbestimmung im GGBefG. Sie ist im wesentlichen auf Vorschläge eines Workshops der Europäischen Kommission gestützt.
Die Kommission strebt an, diese Definition in nächster Zeit in die europäischen Regelwerke für den grenzüberschreitenden Verkehr aufzunehmen. Die Geltungsbereiche des Beförderungsrechts und anderer relevanter Rechsbereiche während eines Beförderungsvorgangs werden durch diese Definition deutlicher als bisher abgegrenzt. Diese Abgrenzung ist notwendig, um Einschränkungen der Transportvorgänge auf das Notwendige zu begrenzen.

Aus der Begründung zu §2 Abs. 2 GGBefG – Drucksache 1003/97 –
Ziel der Regelungen in §1 Abs. 2 Nr. 1 erster Halbsatz des Gefahrgutgesetzes ist es, in

Fällen, in denen sowohl die Definition der Lagerung als auch des zeitweiligen Aufenthaltes erfüllt sind, alle einschlägigen Regelungen anzuwenden (Unberührtheitsklausel). D.h., im Ergebnis stehen die Regelungen verschiedener Rechtsbereiche nebeneinander und ergänzen sich.
Auf welche Sachverhalte sich das beziehen kann, ergibt sich aus der Ermächtigungsregelung in §3 sowie aus der zugehörigen Begründung des Gesetzes. Andere, nicht nach diesem Grundsatz verdrängte Sachverhalte anderer Rechtsgebiete bleiben somit wirksam und sind weiterhin neben dem Beförderungssicherheitsrecht anzuwenden (z. B. Bau, Betrieb von Anlagen sowie anlagebezogene betriebliche Anforderungen).
Die Wirksamkeit dieser Regelung setzt allerdings voraus, daß auch bestimmt wird, was als Beförderungsvorgang anzusehen ist, d. h. wie weit die Definition des Beförderungsbegriffs (§2 Abs. 2 des Gesetzes) reicht. Insbesondere geht es um die Bestimmung des 'zeitweiligen Aufenthaltes im Verlauf der Beförderung'. Erst, wenn hierüber Klarheit besteht, greift die mit §1 Abs. 2 Nr. 1 zweiter Halbsatz des Gesetzes beabsichtigte Vorrangregelung.
Der Vorrang des Gefahrgutbeförderungsrechts kann sich nur auf Sachverhalte beziehen für die das Gefahrgutgesetz eine Regelungsermächtigung enthält. Sie sind in §3 Abs. 1 des Gesetzes abschließend aufgezählt.
Dort nicht genannte Sachverhalte anderer Rechtsvorschriften, die nach §1 Abs. 2 Nr. 1 des Gefahrgutgesetzes unberührt bleiben, sind demnach neben dem Gefahrgutbeförderungsrecht anzuwenden und zu berücksichtigen.
Damit werden z. B die Sicherheit von Anlagen für den zeitweiligen Aufenthalt im Verlauf der Beförderung betreffende Anforderungen an den Bau und die Ausrüstung, für die das Gefahrgutgesetz keine Regelungsermächtigung enthält, durch die hierfür vorhandenen Vorschriften des Bau- und Umweltschutzrechtes bestimmt (anlagebezogene Anforderungen).
Auch vom Beförderungssicherheitsrecht nicht erfaßte oder geregelte Sachverhalte (z. B. Anforderungen an den Arbeitsschutz, an die persönliche Zuverlässigkeit oder den Umgebungsschutz nach den Regelungen der Störfallverordnung oder z. B. des Sprengstoff oder Abfallrechts) bestimmen sich nach den zusätzlichen Anforderungen der einschlägigen Rechtsbereiche.
Bei dieser einerseits abgrenzenden andererseits kumulativen Rechtsanwendung der verschiedenen Regelungen würde für Anlagen, in denen sich gefährliche Güter beim zeitweiligen Aufenthalt befinden, insgesamt eine Sicherheit erzielt, die vergleichbaren Anlagen für die Lagerung gefährlicher Güter entspricht. Das von der Wirtschaft verschiedentlich angestrebte Ziel, durch Anwendung des Gefahrgutrechts die Anwendung anderer Rechtsbereiche abzuwehren oder zu verdrängen, findet insoweit nicht statt.

Die Zuordnung des 'zeitweiligen Aufenthalts' zur Beförderung ist auch aus den folgenden Gründen sinnvoll:
Beförderungssicherheitsvorschriften bestimmen z. B. für die Klassifizierung, Verpackung, Kennzeichnung, Zusammenpackung und Trennung internationale Sicherheitsstandards, die eine in der Regel internationale Beförderung und den Wechsel der Transportmittel bei multimodalen Transporten nicht behindern. Die ununterbrochene Anwendung international abgestimmter Sicherheitsregelungen innerhalb der gesamten Transportkette und somit eine Erleichterung der Beförderungsabwicklung wäre gewährleistet. Mit der Anwendung anderer Rechtssystematiken, die den gleichen Sachverhalt aus einer anderen Zielsetzung heraus abweichend regeln, würde ein Einbruch in aufeinander abgestimmte Regelungen des Beförderungssicherheitsrechts führen. Hiermit könnten erhebliche Sicherheitseinbußen verbunden sein.
Die Anwendung des Beförderungssicherheitsrechts soll daher in den Fällen vorgesehen werden, wo nach dem nachgewiesenen Willen der Beteiligten ein zeitweiliger Aufenthalt im Verlauf der Beförderung vorliegt. Bedeutsam für die Annahme einer laufenden Beförderung ist, daß Absender und Empfänger der Sendung in vorliegenden und somit nachkontrollierbaren Beförderungsdokumenten ausgewiesen sind. Derartige Beförderungsdokumente sind unabdingbare Voraussetzung. Dies trifft auch im Werkverkehr zu. Hinzu kommt, daß das Abstellen der Gefahrgüter – auch wenn sie sich nicht mehr in Fahrzeugen oder Beförderungseinheiten befinden – im Zusammenhang mit der weiteren Beförderung stehen muß. Dies ist immer der Fall, wenn ein zeitweiliger Aufenthalt zum Zwecke des Wechsels der Verkehrsträger (Umschlag) notwendig wird. Ein zeitlich nahtloser Wechsel (Direktumschlag) ist zwar aus sicherheitlichen und wirtschaftlichen Gründen erwünscht, jedoch nicht immer organisatorisch zu realisieren. In Häfen, Speditionen, auf Verlade- oder Rangierbahnhöfen, Flughäfen wird es immer wieder geschehen, daß sich vorgesehene Anschlußtransporte aus dem einen oder

anderen Grund verzögern. Auch das Zusammenfassen in oder das Trennen von Sammelladungen aus einer Beförderungseinheit mit einem gemeinsamen Absender oder einem gemeinsamen weiteren Ziel kann Zeit und damit ein zeitweiliger Aufenthalt z. B. bei der Zusammenstellung neuer Züge auf Eisenbahnanlagen oder in Speditionen erfordern.
Andererseits soll durch die in Absatz 2 Satz 4 (neu) vorgesehene Einschränkung eindeutig klargestellt werden, daß Handlungen, die den Schutz vor gefährlichen Gütern durch die vom Beförderungssicherheitsrecht vorgeschriebene Gefahrgutumschließung beeinträchtigen könnten, grundsätzlich unzulässig sind. Mit dem Öffnen von Versandstücken (hierzu zählen auch Intermediate Bulk Container – IBC – sowie Gasgefäße) oder von Tankcontainern, Tanks oder Eisenbahnkesselwagen, so daß das Gefahrgut unmittelbar zugänglich wird, würde die Grenze zum Umgangsrecht überschritten werden.
Kontrollmaßnahmen der zuständigen Behörde zur Gefahrenabwehr bleiben jedoch möglich.
Die Vorschriften entsprechen den für internationale Beförderungsbestimmungen bereits beschlossenen Bestimmungen der 'Recommandation on the Safe Transport of dangerous Cargoes and related Activities in port areas, (Vorwort und Nummer 2.2 (Definitions) unter der Bezeichnung 'Handlings') bzw. vorgesehenen Definitionen für die internationalen Beförderungsvorschriften für Straße und Schiene (ADR und RID), die am 28./29. April 1997 in Barcelona im Workshop on the intermediate temporary storage of dangerous substance during transport, als related to Council Directive 96/82/EC' unter 2.1 sowie 3.1 erarbeitet wurden. Ankündigung der Gemeinsamen Tagung vom 22. Bis 26. September 1997, daß sie den in Barcelona erarbeiteten Begriff der Beförderung in den internationalen Beförderungsvorschriften für Straße und Schien (ADR und RID) berücksichtigen will. Die Europäische Kommission wird dazu Vorschläge vorlegen.
Je länger ein zeitweiliger Aufenthalt dauert, desto höher ist die Wahrscheinlichkeit, daß keine Beförderung mehr vorliegt.
Eine Befristung ist nach Abstimmung zwischen allen beteiligten Stellen jedoch nicht vorgesehen worden, da sich eine für alle Transportumstände, die betroffenen Rechtsgebiete und alle möglichen Örtlichkeiten in Deutschland einheitlich geltende Befristung des zeitweiligen Aufenthaltes nicht festlegen läßt. Es ist vielmehr generelle Auffassung, daß die Bestimmung dieser Frist, ausgerichtet an den örtlichen Besonderheiten, zwischen den jeweils zuständigen Behörden in den einzelnen Ländern erfolgen muß.
Zur Klarstellung ist außerdem darauf hinzuweisen, daß von einem zeitweiligen Aufenthalt im Verlauf der Beförderung dann nicht mehr ausgegangen werden kann, wenn die Güter ohne weitere Beförderungsbestimmung z. B. in einem Distributionslager zwischengelagert werden. Gleiches muß gelten, wenn von vornherein eine Lagerung vorgesehen ist. Auch hier kommt es im wesentlichen auf den Willen der Beteiligten und die vorhandenen, prüfbaren Unterlagen an.

Artikel 1 Nr.4 (§5 Abs. 5)
Hinsichtlich der Zulassung von Ausnahmen wird Absatz 5 an die Vorgaben des §3 Abs. 5 des Gefahrgutbeförderungsänderungsgesetzes angepaßt.

Artikel 1 Nr.5 (§6)
– Buchstabe a Doppelbuchstabe aa (Abs. 1 Nr. 1) Mit der Aufhebung von Absatz 2 in §12 wird in Nummer 1 auf Wunsch der Länder eine Zuständigkeitsregelung für das BMV nach Rn. 211 120/212 120 Satz 1 aufgenommen.
– Buchstabe a Doppelbuchstabe bb und cc (Abs. 1 Nr. 2 Buchstabe a, b und d und Nummer 4 Buchstabe a und b)
Wegen des neuen Absatzes 15 in Rn. 2102 ist eine zuständige Behörde für die Prüfung und Zulassung zur Beförderung und wegen der neuen Bemerkung 3 zu 0143 und der neuen Bemerkung 2 zu 0150 in Ziffer 4 der Rn. 2101 i.V.m. dem neuen Absatz 9 in Rn. 2300 und der neuen Bemerkung 2 zu Abschnitt C der Rn. 2401 ist eine zuständige Behörde für die Zuordnung und wegen der neuen Bemerkung e) zu Ziffer 6A Eintragung 3164 in Rn. 2201 ist eine zuständige Behörde für eine annehmbare Qualitätssicherungsnorm festzulegen.
– Buchstabe a Doppelbuchstabe cc (Abs. 1 Nr. 4) Mit Erlaß vom 1. April 1997 hat das BMVg das WIWEB zum Nachfolgeinstitut für das BICT erklärt. Damit ist auch eine redaktionelle Änderung in Nummer 4 erforderlich.
– Buchstabe a Doppelbuchstabe dd (Abs. 1 Nr. 10) Auf der Grundlage von §5 Abs. 2 des Gefahrgutbeförderungsänderungsgesetzes wird die Zuständigkeit der Industrie- und Handelskammer neu gefaßt.
– Buchstabe a Doppelbuchstabe ee (Abs. 1 Nr. 11) Wegen der neuen Rn. 10 281 und der Änderung im Anhang B. 2 hinsichtlich der Typgenehmigung wird die Zuständigkeit für das KBA neu gefaßt.
– Buchstabe a Doppelbuchstabe ff (Abs. 1 neue Nr. 12) Für die Festlegung der Bedingungen nach dem neuen Absatz 8 in Rn. 2650 wird als zuständige Behörde das Robert-Koch-Institut festgelegt.

– Buchstabe b (Abs. 2) Die Streichung der Worte 'Buchstabe a und b' ist eione Folgeänderung von Artikel 1 Nr. 3 Buchstabe a (§2 Abs. 1 Nr. 7). Eine Regelung hinsichtlich der Typgenehmigung ist nur noch in der neuen Rn. 10 281 enthalten.

Artikel 1 Nr. 6 (§7 Abs. 1)
Die redaktionelle Änderung ist erforderlich, da Ziffer 6 nicht in Buchstaben unterteilt ist (vgl. Rn. 2300 Abs. 3 Satz 2); sie ist jedoch in die Regelung einzubeziehen, da für den genannten Stoff die Verpackungsgruppe II vorgeschrieben ist (vgl. Rn. 2303 Satz 4).

Artikel 1 Nr. 7 (§8)
§8 ist auf Grund Artikel 2 bis 5 des Gesetzes zu dem Abkommen vom 18. März 1993 zur Änderung des Zusatzabkommens zum NATO-Truppenstatut und zu weiteren Übereinkünften vom 28. September 1994 (BGBl. 1994 II S. 2594) am 29. März 1998 außer Kraft getreten.

Artikel 1 Nr. 8 (§9)
– Buchstabe a Doppelbuchstabe aa (Abs. 1 Nr. 2) Die Änderung berücksichtigt, daß nach den geänderten Vorschriften für die a-Randnummern kein Eintrag im Beförderungspapier erforderlich ist.
– Buchstabe a Doppelbuchstabe bb (Abs. 1 Nr. 4 Buchstabe b) Druckfehlerberichtigung.
– Buchstabe b Doppelbuchstabe aa (Abs. 2 neue Nr. 4a) Wegen der neuen Bemerkung vor der Tabelle in Rn. 2555 Abs. 2 wird für den Verlader eine Verantwortlichkeit hinsichtlich der Einhaltung der geforderten Bedingungen festgelegt.
– Buchstabe b Doppelbuchstabe bb (Abs. 2 Nr. 6) Folge der Änderungen in Rn. 10 385 und Einbeziehung von schriftlichen Weisungen in weiteren Sprachen.
– Buchstabe b Doppelbuchstabe cc (Abs. 2 Nr. 9) Die neuen Vorschriften über Saug-Druck-Tanks im neuen Anhang B. 1e werden in die bisherigen Regelung einbezogen, außerdem ist Rn. 211 171 nicht in Absätzen unterteilt.
– Buchstabe c Doppelbuchstabe aa (Abs. 3 Nr. 3 Buchstabe b) Folge der Änderungen der Vorschriften über die Ausrüstung u. a. in Rn. 10 260.
– Buchstabe c Doppelbuchstabe bb (Abs. 3 Nr. 6) Folge der Änderungen in Rn. 10 385.
– Buchstabe c Doppelbuchstabe cc (Abs. 3 Nr. 8) Die neuen Vorschriften über Saug-Druck-Tanks in neuen Anhang B. 1e werden in die bisherige Regelung einbezogen.
– Buchstabe d Doppelbuchstabe aa (Abs. 4 Nr. 3 Buchstabe c) Folge der Änderungen der Vorschriften über die Ausrüstung u.a. in Rn. 10260.
– Buchstabe d Doppelbuchstabe bb (Abs. 4 Nr. 10) Die Vorschrift über das Halten und Parken in Rn. 10 505 wird im ADR gestrichen.
– Buchstabe d Doppelbuchstabe cc (Abs. 4 Nr. 12) In Rn. 10 385 Abs. 1 werden weitere Maßnahmen ergänzt.
– Buchstabe e Doppelbuchstabe aa (Abs. 5 Nr. 1) Folge der Änderung der Vorschriften über die Ausrüstung in Rn. 10 260.
– Buchstabe e Doppelbuchstabe bb (Abs. 5 Nr. 2) Folge der Änderung der Vorschriften über die Ausrüstung u. a. in Rn. 10 260.
– Buchstabe e Doppelbuchstabe cc (Abs. 5 Nr. 5) Die neuen Vorschriften über Saug-Druck-Tanks in neuen Anhang B. 1e werden in die bisherige Regelung einbezogen und Folgeänderung von Artikel 1 Nr. 9 (Wegfall §12).
– Buchstabe f (Abs. 6) Folgeänderung von Artikel 1 Nr. 8 Buchstabe a Doppelbuchstabe aa (§9 Abs. 1 Nr. 2)
– Buchstabe g (Abs. 10 Nr. 1) Folgeänderung von Artikel 1 Nr. 9 (Wegfall §12).
– Buchstabe h (Abs. 11) Der Begriff 'Bedingungen' wird durch den Oberbegriff 'Nebenbestimmungen' ersetzt.
– Buchstabe i (Abs. 12) Der Begriff 'vollziehbare Auflagen' wird durch den Oberbegriff 'Nebenbestimmungen' ersetzt.
– Buchstabe j (Abs. 19) Klarstellung infolge der Änderung in den genannten Randnummern ('Aufschriften' wird durch 'Aufschriften und Gefahrzettel' ersetzt).

Artikel 1 Nr. 9 (§10)
– Buchstabe a (Nummer 7 Buchstabe c) Die Absendeerklärung gemäß Rn. 2002 Abs. 9 wird als Owi-Tatbestand ausgenommen und Folgeänderung von Artikel 1 Nr. 8 Buchstabe c Doppelbuchstabe aa (§9 Abs. 3 Nr. 3 Buchstabe b).
– Buchstabe b Doppelbuchstabe aa (Nummer 8 Buchstabe c) Folgeänderung von Artikel 1 Nr. 8 Buchstabe d Doppelbuchstabe aa (§9 Abs. 4 Nr. 3 Buchstabe c).
– Buchstabe b Doppelbuchstabe bb (Nummer 8 Buchstabe i) Folgeänderung von Artikel 1 Nr. 8 Buchstabe d Doppelbuchstabe bb (§9 Abs. 4 Nr. 10).
– Buchstabe c (Nummer 9 Buchstabe a) Folgeänderung von Artikel 1 Nr. 8 Buchstabe e Doppelbuchstabe aa.

Artikel 1 Nr. 10 (§11)
Absatz 1 Die bisherige Übergangsregelung ist nicht mehr erforderlich, da mit der 14. ADR-Änderungsverordnung in der Anlage A Rn. 2011 und der Anlage B Rn. 10 604 Übergangsregelungen bis zum 30. Juni 1999 vorgesehen sind.
Absatz 2 Nr. 1 Die bisherige Übergangsregelung ist nicht mehr erforderlich, da mit der

14. ADR-Änderungsverordnung in der Anlage B Rn. 10 220 Abs. 2 die bisherige Übergangsregelung der Nummer 1 aufgenommen ist.
Absatz 2 Nr. 2 Die bisherige Übergangsregelung ist nicht mehr erforderlich, da mit der 14. ADR-Änderungsverordnung in der Anlage B Rn. 10 221 Abs. 3 die Übergangsregelung bis zum 31. Dezember 2009 verlängert ist.
Absatz 2 Nr. 3 Die bisherige Übergangsregelung wird in die Anlage 2 Nr. 2.2 überführt.
Absatz 3 Die bisherige Übergangsregelung in ist wegen Fristablaufs zu streichen.
Absatz 4 Die bisherige Übergangsregelung in ist entbehrlich, da sie sich ausschließlich auf Verpackungen und Großpackmittel bezieht, die nach den Anhängen A. 5 und A. 6 in der bis zum 31. Dezember 1994 gültigen Fassung des ADR hergestellt und kodiert sind. Da im ADR auf eine derartige Übergangsregelung verzichtet wurde, ist davon auszugehen, daß die ADR-Vertragsstaaten die bis dahin gültigen Regelungen einschließlich der Kodierung auch weiterhin akzeptieren.

Artikel 1 Nr. 11 (§12)
Absatz 1 Die bisherige Vorschrift ist entbehrlich, da international die Vorschriften über die Baumusterzulassung von Verpackungen und Großpackmitteln (im ADR, im RID, im IMDG-Code) harmonisiert sind.
Absatz 2 Die bisherige Vorschrift ist entbehrlich, da in Rn. 211 120/212 120 jeweils Satz 1 bereits technische Richtlinien (technisches Regelwerk) gefordert werden. Für das Bundesministerium für Verkehr wird jedoch auf Wunsch der Länder eine Zuständigkeitsregelung nach vorgenannten Randnummern in §6 Abs. 1 aufgenommen.
Absatz 3 Die bisherige Vorschrift wird wegen des Geltungsbereiches für innerstaatliche Beförderungen in Nummer 2.7 der Anlage 2 überführt.
Absatz 4 Die bisherige Vorschrift wird wegen der Geltung für in Deutschland zugelassene Fahrzeuge in die Anlage 2 Nr. 2.1 überführt.

Artikel 1 Nr. 12 (Anlage 1)
Mit der Einfügung des Wortes 'jeweils' erfolgt in Satz 1 der Nummer 2.2 eine redaktionelle Klarstellung.

Artikel 1 Nr. 13 (Anlage 2)
– Buchstabe a (Nr. 2) Bei den Regelungen der Nummern 2.3, 2.2 und 2.6 handelt es sich nicht um Abweichungen von den Vorschriften der Anlage B, sondern um ergänzende Vorschriften.
– Buchstabe b (Nr. 2.1) Auf Beschluß der Verkehrsministerkonferenz am 16./17. April 1998 in Magdeburg sind die Schulungsintervalle für Gefahrgutfahrer im innerstaatlichen Verkehr von drei Jahren an die Schulungsintervalle nach Rn. 10 315 Abs. 3 des ADR von fünf Jahren anzugleichen.
Die bisherige Übergangsvorschrift aus §11 Abs. 2 Nr. 3 hinsichtlich der Gültigkeit von Schulungsbezeichnungen wird in Nummer 2.1 übernommen.
– Buchstabe c (Nr. 2.5) Durch die Ergänzung wird die Überschrift redaktionell an Nr. 1.3 angepaßt.
– Buchstabe d (Nr. 2.6) Wegen der Überführung der bisher in §12 Abs. 4 enthaltenen Regelung zu Feuerlöschgeräten wird eine neue Nummer 2.6 angefügt. In die bisherige Regelung zur Prüfung der Feuerlöschgeräte werden auch fabrikneue Feuerlöschgeräte einbezogen.
– Buchstabe e (Nr. 2.7) Die bisherige Regelung in §12 Abs. 3 wird wegen des Geltungsbereiches für innerstaatliche Beförderungen in Nummer 2.7 überführt.

Artikel 1 Nr. 14 (Anlage 3 Nr. 4)
Die Änderung erfolgt auf Wunsch von Nordrhein-Westfalen.

Artikel 2
Mit Artikel 2 erhält das Bundesministerium für Verkehr die Möglichkeit, die Gefahrgutverordnung Straße in der neuen Fassung im Bundesgesetzblatt bekanntzumachen.

Artikel 3
Die mit der 14. ADR-Änderungsverordnung verkündeten und zum 1. Januar 1999 in Kraft tretenden Änderungen sollen zeitgleich auch für innerstaatliche Beförderungen gelten.

Anlage 1

1. **Gefährliche Güter, für deren innerstaatliche und grenzüberschreitende Beförderung §7 gilt**
§7 gilt für die in Tabelle 1 genannten Güter der Klassen 1 und 6.1, die in Versandstücken (einschließlich Großpackmitteln – IBC –) befördert werden, ab jeweils 1000 kg Nettomasse – bei Explosivstoffen Nettoexplosivstoffmasse – des Stoffes oder Gegenstandes in einer Beförderungseinheit. Werden verschiedene Güter der Klasse 1 Ziffern 1 bis 12 jeweils in geringeren Mengen als 1000 kg (Nettoexplosivstoffmasse) in einer Beförderungseinheit befördert, so ist §7 anzuwenden, wenn die Gesamtmasse dieser Güter in der Beförderungseinheit 1000 kg (Nettoexplosivstoffmasse) überschreitet.

Stoffaufzählung nach Anlage A		Bezeichnung der Stoffe und Gegenstände
Klasse und Rn.	Ziffer	
1	2	3
1 Rn 2101	1	Gegenstände der UN-Nummern: 0029, 0073, 0461
	2	Stoffe der UN-Nummern: 0160, 0474
	3	Gegenstände der UN-Nummern: 0271, 0273, 0279, 0280, 0326, 0462
	4	Stoffe der UN-Nummern: 0004, 0072, 0076, 0078, 0079, 0081×, 0118, 0147, 0150, 0151, 0153, 0154, 0155, 0207, 0208, 0213, 0214, 0215, 0216, 0217, 0218, 0219, 0226,0282, 0385, 0386, 0387, 0388, 0389, 0392,0394, 0401, 0411, 0475, 0483, 0484 * mit einem Gehalt an flüssigen Salpetersäurerestenvon mehr als 40% Masse -%
	5	Gegenstände der UN-Nummern: 0034, 0038, 0042, 0043, 0048, 0056, 0060, 0137, 0168, 0221, 0284, 0286, 0290, 0374, 0408, 0442, 0451 0457, 0463, 0059, 0099, 0124, 0288
	6	Gegenstände der UN-Nummern: 0006, 0181, 0329, 0464
	7	Gegenstände der UN-Nummern: 0005, 0033, 0037, 0136, 0167, 0180, 0292, 0296, 0330, 0369, 0465
	8	Stoffe der UN-Nummer: 0476
	9	Gegenstände der UN-Nummern: 0049, 0192, 0196, 0333, 0382
	10	Gegenstände der UN-Nummern: 0397, 0399, 0449
	11	Stoffe der UN-Nummer: 0357
	12	Gegenstände der UN-Nummer: 0354
6.1 Rn 2601	25a	Alle namentlich genannten polychlorierten para-Dibenzodioxine und -furane der UN-Nummern 2810 und 2811

Tabelle 1

2. §7 gilt für folgende Stoffe der Klasse 2:

2.1 Für die in der Tabelle genannten Stoffe gilt §7 ab jeweils 6000 kg Nettomasse in einer Beförderungseinheit.

Stoffaufzählung nach Anlage A		Bezeichnung der Stoffe und Gegenstände
Klasse und Rn.	Ziffer	
1	2	3
2 Rn 2201	2F	1011 Butan
		1012 Butene, Gemisch oder But-1-en oder trans-But-2-en oder cis-But-2-en
		1027 Cyclopropan
		1055 Isobuten
		1077 Propen
		1965 Kohlenwasserstoffgas, Gemisch, verflüssigt, n.a.g. (Gemisch A, A0, A1, B und C)
		1969 Isobutan
		1978 Propan
		2035 1,1,1-Trifluorethan (Gas als Kältemittel R143a)

Tabelle 2.1

Bemerkungen:

1. §7 Abs. 5 gilt nicht fur die Beförderung von Gasgemischen der Klasse 2 Randnummer 2201 Ziffer 2F UN-Nummer 1965 auf Entfernungen bis zu 100 Kilometer zu Verbrauchern, die keinen Gleisanschluß haben.

2. §7 gilt nicht für die in Tabelle 2.1 genannten Stoffe der Klasse 2, sofern diese Stoffe in vorgeschriebenen Stahlflaschen mit einem Fassungsraum von höchstens 150 Liter oder Gefaßen mit einem Fassungsraum von mindestens 100 Liter bis höchstens 1000 Liter enthalten sind.

3. §7 gilt nicht für Beförderungen von Gasgemischen der Klasse 2 Randnummer 2201 Ziffer 2 F UN-Nummer 1965 in festverbundenen Tanks (Tankfahrzeuge) und Aufsetztanks – im nachfolgenden als Tanks bezeichnet –, wenn nachfolgende Bedingungen erfüllt sind:

3.1 Bei Beförderungen bis 9.000 kg Nettomasse, sofern
a) Tanks verwendet werden, deren Wanddicke mindestens den Vorschriften der Randnummern 211 127 Abs. 3 und 211 125 in Verbindung mit Randnummer 211 220 entspricht, oder
b) Tanks verwendet werden, die nach den Übergangsvorschriften gemäß §12 Abs. 3 und Anhang B.1 a 1. Teil Abschnitt 8 weiterverwendet werden dürfen und wenn eine der folgenden zusätzlichen Bedingungen nach den Doppelbuchstaben aa oder bb eingehalten ist:
aa) Die Tanks müssen mit einer äußeren Feststoffisolierung mit Stahlblechabdeckung versehen sein
bb) Die Fahrzeuge müssen mindestens mit einem Automatischen Blockierverhinderer (ABV) nach §41 Abs. 18 oder §41 b der Straßenverkehrs-Zulassungs-Ordnung ausgerüstet sein.

3.2 Bei Beförderungen von mehr als 9.000 kg bis 11.000 kg Nettomasse, sofern
a) Tanks verwendet werden, deren Wanddicke Nummer 3.1 Buchstabe a entspricht und wenn von den Bedingungen der Nummer 3.1 Buchstabe b entweder Doppelbuchstabe aa oder bb erfüllt ist, oder
b) Tanks verwendet werden, deren Wanddicke Nummer 3.1 Buchstabe b entspricht und wenn die Bedingungen der Nummer 3.1 Buchstabe b Doppelbuchstabe aa und bb erfüllt sind.

3.3 In der Bescheinigung der besonderen Zulassung der Tankfahrzeuge und der Sattelzugmaschinen dieser Fahrzeuge nach Randnr. 10 282 und in der Prüfbescheinigung für Aufsetztanks nach Anlage B Anhang B.1a Randnummer 211 154 ist vom Sachverständigen nach §6 Abs. 1 Nr. 5 zu vermerken, welche Bedingungen der Nummern 3.1 und 3.2 erfüllt sind.

3.4 Die Anlage 3 dieser Verordnung ist bei Beförderungen nach dieser Bemerkung anzuwenden.

2.2 Für die in Tabelle 2.2 genannten weiteren Stoffe gilt §7 ab jeweils 1000 kg Nettomasse in einer Beförderungseinheit.

Stoffaufzählung nach Anlage A		**Bezeichnung der Stoffe und Gegenstände**
Klasse und Rn.	**Ziffer**	
1	2	3
2 Rn 2201	1F	1962 Ethylen, verdichtet
	1 TOC	1045 Fluor, verdichtet
	2F	1010 Buta-1,2-dien, stabilisiert oder Buta-1,3-dien, stabilisiert oder Gemische von Buta-1,3-dien und Kohlenwasserstoffen, stabilisiert
		1030 1,1-Difluorethan (Gas als Kältemittel R 152a)
		1032 Dimethylamin, wasserfrei
		1033 Dimethylether
		1035 Ethan
		1036 Ethylamin
		1037 Ethylchlorid
		1041 Ethylenoxid und Kohlendioxid, Gemisch mit mehr als 9%, aber höchstens 87 % Ethylenoxid
		1060 Methylacetylen und Propadien, Gemisch, stabilisiert
		1061 Methylamin, wasserfrei
		1063 Methylchlorid (Gas als Kältemittel R 40)
		1083 Trimethylamin, wasserfrei
		1085 Vinylbromid, stabilisiert
		1086 Vinylchlorid, stabilisiert
		1087 Vinylmethylether, stabilisiert
		1860 Vinylfluorid, stabilisiert
		1912 Methylchlorid und Dichlormethan, Gemisch
		1959 1,1-Difluorethylen (Gas als Kältemittel R 1132a)
		2517 1-Chlor-1,1-difluorethan (Gas als Kältemittel R 142b)
	2T	1062 Methylbromid
		1581 Chlorpikrin und Methylbromid, Gemisch
		1582 Chlorpikrin und Methylchlorid, Gemisch

Tabelle 2.2

Stoffaufzählung nach Anlage A		Bezeichnung der Stoffe und Gegenstände
Klasse und Rn.	Ziffer	
1	2	3
2 Rn 2201	2TF	1040 Ethylenoxid oder Ethylenoxid mit Stickstoff bis zu einem Gesamtdruck von 1 MPa (10 bar) bei 50°C
		1053 Schwefelwasserstoff
		1064 Methylmercaptan
		1082 Chlortrifluorethylen, stabilisiert (Trifluorchlorethylen, stabilisiert)
		3300 Ethylenoxid und Kohlendioxid, Gemisch mit mehr als 87% Ethylenoxid
		3160 Verflüssigtes Gas, giftig, entzündbar, n.a.g. (Gemisch von Methylbromid und Ethylenbromid)
	2TC	1005 Ammoniak, wasserfrei
		1017 Chlor
		1048 Bromwasserstoff, wasserfrei
		1050 Chlorwasserstoff, wasserfrei
		1076 Phosgen
		1079 Schwefeldioxid
		1741 Bortrichlorid
	2TOC	1067 Distickstoffletroxid (Stickstoffdioxid)
	3F	1038 Ethylen, tiefgekühlt, flüssig
		1961 Ethan, tiefgekühlt, flüssig
		1966 Wasserstoff, tiefgekühlt, flüssig
		1972 Methan, tiefgekühlt, flüssig oder Erdgas, tiefgekühlt, flüssig mit hohem Methangehalt
		3138 Ethylen, Acetylen und Propylen, Gemisch, tiefgekühlt, flüssig, mit mindestens 71,5 % Ethylen, höchstens 22,5 % Acetylen und höchstens 6 % Propylen
		3312 Gas, tiefgekühlt, flüssig, entzündbar, n.a.g. (Gemische von Ethan und Methan, auch mit Zusatz von Propan und Butan, tiefgekühlt flüssig)

Tabelle 2.2

Bemerkungen:

1. §7 Absatz 4 Nr. 2 gilt nicht für die Beförderung von Gasen der Klasse 2 Randnummer 2201 Ziffer 3F UN-Nummern 1038, 1961, 1966, 1972, 3138 und 3312.

2. §7 gilt nicht für die in Tabelle 2.2 genannten Stoffe der Klasse 2 – ausgenommen 1045 Fluor, verdichtet und die tiefgekühlten verflüssigten Gase der Ziffer 3F UN-Nummern 1038, 1961, 1966, 1972, 3138 und 3312 –, sofern diese Stoffe in vorgeschriebenen Stahlflaschen mit einem Fassungsraum von höchstens 150 Liter oder Gefäßen mit einem Fassungsraum von mindestens 100 Liter bis höchstens 1000 Liter enthalten sind.

3. Für die in Tabelle 3 genannten flüssigen Stoffe der Klassen 3, 4.2, 4.3, 5.1, 6.1 und 8 gilt §7 ab jeweils 1000 kg Nettomasse, sofern diese Stoffe in Tanks oder in Tankcontainern mit einem Fassungsraum von mehr als 3000 Liter befördert werden.

Stoffaufzählung nach Anlage A		Bezeichnung der Stoffe und Gegenstände
Klasse und Rn.	Ziffer	
1	2	3
3 Rn 2301	11 a)	1093 Acrylnitril, stabilisiert 3079 Methacrylnitril, stabilisiert
	12	1921 Propylenimin, stabilisiert
	16 a)	1099 Allylbromid 1100 Allylchlorid
	18 a)	1131 Kohlenstoffdisulfid (Schwefelkohlenstoff)
4.2 Rn 2431	31 a)	Selbstentzündliche Metallalkyle und Metallaryle
	32 a)	Andere selbstentzündliche metallorganische Verbindungen
	33 a)	3203 Pyrophore metallorganische Verbindungen n.a.g.
4.3 Rn 2471	3 a)	Metallorganische Verbindungen und deren Lösungen

Tabelle 3

Stoffaufzählung nach Anlage A		Bezeichnung der Stoffe und Gegenstände
Klasse und Rn.	Ziffer	
1	2	3
5.1 Rn 2501	1 a)	2015 Wasserstoffperoxid, stabilisiert 2015 Wasserstoffperoxid, wässerige Lösungen, stabilisiert (mit mehr als 60 % Wasserstoffperoxid)
	2 a)	1510 Tetranitromethan
	3 a)	1873 Perchlorsäure, wässerige Lösung mit mehr als 50 Masse-%, aber höchstens 72 Masse-% Säure
	5	1745 Brompentafluorid 1746 Bromtrifluoroid
6.1 Rn 2601	2	1613 Cyanwasserstoff, wässerige Lösung (Cyanwasserstoffsäure), mit höchstens 20 % Cyanwasserstoff
	3	1259 Nickeltetracarbonyl 1994 Eisenpentacarbonyl
	4	1185 Ethylenimin, stabilisiert
	7 a) 2.	2382 Dimethylhydrazin, symmetrisch 2334 Allylamin
	8 a) 2.	1092 Acrolein, stabilisiert 1098 Allylalkohol 2606 Methylorthosilicat
	10 a)	1182 Ethylchlorforrniat 1238 Methylchlorformiat
	12 a)	1541 Acetoncyanhydrin, stabilisiert
	16 a)	1135 Ethylenchlorhydrin 2558 Epibromhydrin
	17 a)	1580 Chlorpikrin 1670 Perchlormethylmercaptan 1672 Phenylcarbylaminchlorid 1694 Brombenzylcyanid
	20 a)	2337 Phenylmercaptan (Thiophenol)
	25 a)	2810, 2811 Alle namentlich genannten polychlorierten paradibenzodioxinde und furane
	27 a)	1595 Dimethylsulfat
	28 a)	1722 Allylchlorformiat
	31 a)	1649 Antiklopfmischung für Motorkraftstoff
	41 a)	1935 Cyanide, Lösung, n.a.g.

Tabelle 3

Stoffaufzählung nach Anlage A		Bezeichnung der Stoffe und Gegenstände
Klasse und Rn.	**Ziffer**	
1	2	3
6.1 Rn 2601	51 a)	1553 Arsensäure, flüssig 1560 Arsentrichlorid 1556 Arsenverbindung, flüssig, n.a.g.
	71 a)	3018 Organophosphor-Pestizid, nussig, giftig
	72 a)	3017 Organophosphor-Pestizid, flüssig, giftig, entzündbar
8 Rn 2801	1 a)	1829 Schwefeltrioxid, stabilisiert
	6	1052 Fluorwasserstoff, wasserfrei 1790 Fluorwasserstoffsäure, mit mehr als 85 % Fluorwasserstoff
	7 a)	1790 Fluorwasserstoffsäure, mit mehr als 60 %, aber höchstens 85 % Fluorwasserstoff
	8 a)	1777 Fluorsulfonsäure
	14	1744 Brom oder 1744 Brom, Lösung
	32 a)	1699 Trifluoressigsäure
	64 a)	1739 Benzylchlorforrniat

Tabelle 3

Anlage 2

Abweichungen von den Anlagen A und B des ADR für innerstaatliche Beförderungen

1. Für innerstaatliche Beförderungen gelten die nachstehenden Abweichungen von den Vorschriften der Anlage A:
1.1 Nachfolgende Güter sind abweichend von Randnummer 2002 Abs. 1 von der Beförderung ausgeschlossen:
Güter, die
a) insgesamt mehr als 1 µg/kg (ppb) der polyhalogenierten Dibenzodioxine und -furane der Rn. 2601 Ziffer 25a) I bzw. IV oder
b) insgesamt mehr als 5 µg/kg (ppb) der polyhalogenierten Dibenzodioxine und -furane der Rn. 2601 Ziffer 25a) 1 und II bzw. IV und V oder
c) insgesamt mehr als 100 µg/kg (ppb) der polyhalogenierten Dibenzodioxine und -furane der Rn. 2601 Ziffer 25a) I, II und III enthalten.
1.2 Zu den giftigen organischen flüssigen und festen Stoffen der Randnummer 2601 Ziffer 25a) Kennzeichnungsnummern 2810 und 2811 zählen auch:
I) 2, 3, 7, 8-Tetrachlordibenzo-P-dioxin (TCDD),
1, 2, 3, 7, 8-Penta-CDD,
2, 3, 7, 8-Tetrachlordibenzofuran (TCDF),
2, 3, 4, 7, 8-Penta-CDF,
II) 1, 2, 3, 4, 7, 8-Hexa-CDD,
1, 2, 3, 7, 8, 9-Hexa-CDD,
1, 2, 3, 6, 7, 8-Hexa-CDD,
1, 2, 3, 7, 8-Penta-CDF,
1, 2, 3, 4, 7, 8-Hexa-CDF,
1, 2, 3, 7, 8, 9-Hexa-CDF,
1, 2, 3, 6, 7, 8-Hexa-CDF,
2, 3, 4, 6, 7, 8-Hexa-CDF,
III) 1, 2, 3, 4, 6, 7, 8-HePta-CDD,
1, 2, 3, 4, 6, 7, 8, 9-Octa-CDD,
1, 2, 3, 4, 6, 7, 8-HePta-CDF,
1,2,3,4,7,8.9-HeDta-CDF
1, 2, 3, 4, 6, 7, 8, 9-Octa-CDF,
IV) 2, 3, 7, 8-Tetrabromdibenzo-p-dioxin (TBDD),
1, 2, 3, 7, 8-Penta-BDD,
2, 3, 7, 8-Tetrabromdibenzofuran (TBDF),
2, 3, 4, 7, 8-Penta-BDF,
V) 1, 2, 3, 4, 7, 8-Hexa-BDD,
1, 2, 3, 7, 8, 9-Hexa-BDD,
1, 2, 3, 6, 7, 8-Hexa-BDD,
1, 2, 3, 7, 8-Penta-BDF;

1.3 Regelung zu Randnummer 2009 für Fahrzeuge, die in Deutschland zugelassen sind
a) Für die Anwendung der Randnummer 2009 Buchstabe a gilt folgende Regelung:
aa) Bei explosiven Stoffen der Klasse 1 nach Randnummer 2101 Unterklasse 1.1 bis 1.4 darf die Gesamtnettoexplosivstoffmasse je Beförderungseinheit 1 kg, bei Gegenständen darf die Bruttomasse je Gegenstand mit Explosivstoff 5 kg nicht überschreiten. Stoffe der Klasse 4.1 nach Randnr. 2401 Gruppen C bis F, Stoffe der Klasse 4.2 nach Randnr. 2431 und Stoffe der Klasse 4.3 nach Randnummer 2471 jeweils Buchstaben a und b, Stoffe der Klasse 5.1 nach Randnummer 2501 Buchstabe a und Stoffe der Klasse 5.2 nach Randnr. 2551 dürfen je Stoff 1 kg Nettomasse nicht überschreiten. Für die in Satz 1 u. 2 nicht genannten Stoffe und Gegenstände der Klassen 1 bis 9 darf die Menge 450 Liter je Verpackung nicht übersteigen und die Höchstmengen gemäß Randnummer 10011 dürfen nicht überschritten werden.
bb) Die 'Allgemeinen Verpackungsvorschriften' der Randnummer 3500 Abs. 1, 2 und 5 bis 7 sind zu beachten. Die Verpackungen müssen mit den nach der Anlage A Klasse 1 bis 6.2, 8 und 9 jeweils Abschnitt 2.A.4 sowie der Klasse 7 Randnummer 2704 Blatt 1 bis 13 jeweils Nummer 8 vorgeschriebenen Kennzeichnung versehen sein.
b) Für die Anwendung der Randnummer 2009 Buchstabe b gilt folgende Regelung: Buchstabe b findet nur Anwendung auf Maschinen und Geräte einschließlich der zu ihrem Betrieb erforderlichen Reservemenge gefährlicher Güter, soweit sie als technische Arbeitsmittel oder überwachungsbedürftige Anlage dem Gerätesicherheitsgesetz unterliegen.
c) Für die Anwendung der Randnummer 2009 Buchstabe c gilt folgende Regelung:
aa) Bei explosiven Stoffen der Klasse 1 nach Randnummer 2101 Unterklasse 1.1 bis 1.4 darf die Gesamtnettoexplosivstoffmasse je Beförderungseinheit 1 kg, bei Gegenständen darf die Bruttomasse je Gegenstand mit Explosivstoff 5 kg nicht überschreiten. Stoffe der Klasse 4.1 nach Randnr. 2401 Gruppen C bis F, Stoffe der Klasse 4.2 nach Randnr. 2431 und Stoffe der Klasse 4.3 nach Randnummer 2471 jeweils Buchstaben a und b, Stoffe der Klasse 5.1 nach Randnummer 2501 Buchstabe a und Stoffe der Klasse 5.2 nach Randnr. 2551 dürfen je Stoff 1 kg Nettomasse nicht überschreiten.
bb) Die 'Allgemeinen Verpackungsvorschriften' der Randnummer 3500 Abs. 1, 2 und 5 bis 7 sind zu beachten. Die Verpackungen müssen mit den nach der Anlage A Klasse 1 bis 6.2, 8 und 9 jeweils Abschnitt 2.A.4 sowie der Klasse 7 Randnummer 2704 Blatt 1 bis 13 jeweils Nummer 8 vorgeschriebenen Kennzeichnung versehen sein.
cc) Randnummmer 2009 Buchstabe c Satz 1 gilt nicht für die Beförderung radioaktiver Stoffe der Klasse 7.
2. Für innerstaatliche Beförderungen mit

Fahrzeugen, die in Deutschland zugelassen sind, gelten die nachstehenden Vorschriften und Abweichungen von den Vorschriften der Anlage B:

2.1 Besondere Ausbildung der Fahrzeugführer (zu Randnummer 10315 Gültigkeit von Schulungsbescheinigungen):

ADR-Bescheinigungen über die Schulung der Führer von Kraftfahrzeugen zur Beförderung gefährlicher Güter gelten für innerstaatliche Beförderungen ab Ausstellungsdatum bzw. ab dem Datum der letzten Verlängerung fünf Jahre.

Die nach den Vorschriften der Gefahrgutverordnung Straße in der Fassung der Bekanntmachung vom 18. Juli 1995 (BGBl. I S. 1025) bis zum 31. Dezember 1996 ausgestellten Bescheinigungen über die erfolgreiche Teilnahme an der Schulung gelten im Rahmen ihrer Gültigkeit nach Satz 1 wie folgt weiter:

a) Bescheinigungen nach Randnummer 10 315 Abs. 1 gelten für die Klassen 2 bis 6.2, 8 und 9 ohne Erweiterung als Bescheinigung nach ADR Randnummer 10 315 Abs. 5. Sofern die Gültigkeit der bis zum 31. Dezember 1996 ausgestellten Bescheinigung auf bestimmte Klassen beschränkt ist, muß bei Beförderungen der bis dahin nicht bescheinigten Klassen der Beförderer den Fahrzeugführer über die mit der Beförderung dieser Klassen verbundenen Gefahren belehren. Die Belehrung ist vom Beförderer zu bescheinigen. Die Bescheinigung ist vom Fahrzeugführer während der Beförderung mitzuführen. Bescheinigungen nach Randnummer 10315 Abs. 1 gelten für die Klasse 7 auch als Bescheinigung nach ADR Randnummer 10315 Abs. 5 und 6, sofern die bis zum 31. Dezember 1996 ausgestellte Bescheinigung auch für diese Klasse ausgestellt ist;

b) Bescheinigungen nach Randnummer 10 315 Abs. 2 für die Klasse 1 gelten auch als entsprechende Bescheinigung nach ADR Randnummer 10 315 Abs. 6.

2.2 Überwachung der Fahrzeuge (zu Randnummer 10 321)

Abweichend von Randnummer 10321 gilt, daß Fahrzeuge mit gefährlichen Gütern und ihre in den entsprechenden Randnummern des II. Teils angegebenen Mengen zu überwachen sind. Ohne Überwachung dürfen sie in einem Lager oder im Werksbereich abgesondert parken, wenn dabei ausreichende Sicherheit gewährleistet ist. Wenn solche Parkmöglichkeiten nicht vorhanden sind, darf das Fahrzeug länger als eine Stunde unter geeigneten Sicherheitsmaßnahmen auf Plätzen abgestellt werden, die den Bedingungen der nachstehenden Absätze i) oder ii) entsprechen. Außerhalb von Lagern oder Werksbereichen wird die Überwachung durch den Fahrzeugführer oder eine über die Gefährlichkeit der Ladung und den Aufenthalt des Fahrzeugführers unterrichtete Person (Parkwächter) als geeignete Sicherheitsmaßnahme angesehen. Die unterrichtete Person muß in der Lage sein, die nach Rn. 10 507 vorgesehenen Maßnahmen zu ergreifen oder unverzüglich zu veranlassen. Die Parkplätze nach Absatz i) dürfen nur benutzt werden, wenn die vorgenannten Parkmöglichkeiten nicht vorhanden sind; die Parkplätze nach Absatz ii) dürfen nur benutzt werden, wenn auch solche nach Absatz i) nicht vorhanden sind.

i) Öffentlicher oder privater Parkplatz, auf dem das Fahrzeug aller Voraussicht nach keine Gefahr läuft, durch andere Fahrzeuge beschädigt zu werden, oder

ii) von der Öffentlichkeit gewöhnlich wenig benutzte geeignete freie Flächen abseits von Hauptverkehrsstraßen und Wohngebieten.

2.3 Verbot von Feuer und offenem Licht

Der Umgang mit Feuer oder offenem Licht ist bei Ladearbeiten, in der Nahe von Versandstücken und haltenden Fahrzeugen sowie in den Fahrzeugen untersagt.

2.4 Unterrichtung des Fahrpersonals durch Verlader und Empfänger

Übernimmt der Fahrzeugführer oder der Beifahrer das Befüllen des Tanks, so hat der Verlader ihn in die Handhabung der Fülleinrichtung, soweit diese nicht Bestandteil des Fahrzeugs ist, einzuweisen. Entsprechendes gilt für geschäftsmäßig oder gewerbsmäßig tätige Empfänger hinsichtlich der Entleerungseinrichtung.

2.5 Regelung zu Randnummer 10 603 die in Deutschland zugelassen sind

a) Für die Anwendung der Randnr. 10 603 Buchstabe a gilt folgende Regelung:

aa) Bei explosiven Stoffen der Klasse 1 nach Randnummer 2101 Unterklasse 1.1 bis 1.4 darf die Gesamtnettoexplosivstoffmasse je Beförderungseinheit 1 kg, bei Gegenständen darf die Bruttomasse je Gegenstand mit Explosivstoff 5 kg nicht überschreiten. Stoffe der Klasse 4.1 nach Randnr. 2401 Gruppen C bis F, Stoffe der Klasse 4.2 nach Randnr. 2431 und Stoffe der Klasse 4.3 nach Randnr. 2471 jeweils Buchstaben a und b, Stoffe der Klasse 5.1 nach Randnr. 2501 Buchstabe a und Stoffe der Klasse 5.2 nach Randnr. 2551 dürfen je Stoff 1 kg Nettomasse nicht überschreiten. Für die in Satz 1 u. 2 nicht genannten Stoffe und Gegenstände der Klassen 1 bis 9 darf die Menge 450 Liter je Verpackung nicht übersteigen, und die Höchstmengen gemäß Randnr. 10011 dürfen nicht überschritten werden.

bb) Die 'Allgemeinen Verpackungsvorschriften' der Randnummer 3500 Abs. 1, 2 und 5 bis 7 sind zu beachten. Die Verpackungen müssen mit den nach der Anlage A Klasse 1 bis 6.2, 8 und 9 jeweils Abschnitt 2.A.4 sowie der Klasse 7 Randnummer 2704 Blatt 1 bis 13 jeweils Nummer 8 vorgeschriebenen Kennzeichnung versehen sein.

b) Für die Anwendung der Randnummer 10603 Buchstabe b gilt folgende Regelung: Buchstabe b findet nur Anwendung auf Maschinen oder Geräte einschließlich der zu ihrem Betrieb erforderlichen Reservemenge gefährlicher Güter, soweit sie als technische Arbeitsmittel oder überwachungsbedürftige Anlage dem Gerätesicherheitsgesetz unterliegen.

c) Für die Anwendung der Randnummer 10603 Buchstabe c gilt folgende Regelung:

aa) Bei explosiven Stoffen der Klasse 1 nach Randnummer 2101 Unterklasse 1.1 bis 1.4 darf die Gesamtnettoexplosivstoffmasse je Beförderungseinheit 1 kg, bei Gegenständen darf die Bruttomasse je Gegenstand mit Explosivstoff 5 kg nicht überschreiten. Stoffe der Klasse 4.1 nach Randnr. 2401 Gruppen C bis F, Stoffe der Klasse 4.2 nach Randnr. 2431 und Stoffe der Klasse 4.3 nach Randnummer 2471 jeweils Buchstaben a und b, Stoffe der Klasse 5.1 nach Randnummer 2501 Buchstabe a und Stoffe der Klasse 5.2 nach Randnr. 2551 dürfen je Stoff 1 kg Nettomasse nicht überschreiten.

bb) Die 'Allgemeinen Verpackungsvorschriften' der Randnummer 3500 Abs. 1, 2 und 5 bis 7 sind zu beachten. Die Verpackungen müssen mit den nach der Anlage A Klasse 1 bis 6.2, 8 und 9 jeweils Abschnitt 2.A.4 sowie der Klasse 7 Randnummer 2704 Blatt 1 bis 13 jeweils Nummer 8 vorgeschriebenen Kennzeichnung versehen sein.

cc) Randnummmer 10603 Buchstabe c Satz 1 gilt nicht für die Beförderung radioaktiver Stoffe der Klasse 7.

2.6 Feuerlöschgeräte (zu Randnummer 10 240)

Nach Landesrecht zugelassene tragbare Feuerlöschgeräte im Sinne der Anlage B Randnummer 10 240 Abs. 3 Satz 2 sind auf in Deutschland zugelassenen Fahrzeugen ab dem Herstellungsdatum und danach ab dem Datum der nächsten auf dem Feuerlöschgerät angegebenen Prüfung in zeitlichen Abständen von längstens einem Jahr zu prüfen. Auf dem Feuerlöschgerät ist der Name des Sachkundigen und das Datum der nächsten Prüfung anzugeben.

2.7 Regelung zu den Randnummern 211 184, 211 185 und 211 186

Die Randnummern 211 184, 211 185 Satz 1 und 211 186 in der für innerstaatliche Beförderungen geltenden Fassung der Gefahrgutverordnung Straße in der Fassung der Bekanntmachung vom 18. Juli 1995 (BGBl. I S. 1025) gelten für innerstaatliche Beförderungen weiter.

2.8 Dauerbremsanlage (zu Randnummer 10221) Randnummer 10221 gilt in der am 31. Dezember 1992 geltenden Fassung der Gefahrgutverordnung Straße für die bis einschließlich 30. Juni 1993 erstmals in Verkehr gekommenen Fahrzeuge.

Anlage 3

Nicht oder beschränkt zu benutzende Autobahnstrecken mit kennzeichnungspflichtigen Beförderungseinheiten nach Anlage B Randnummer 10 500 bei innerstaatlichen und grenzüberschreitenden Beförderungen

Folgende mit Tunneln versehene Autobahnstrecken dürfen nicht oder nur beschränkt benutzt werden:

1. Berlin

1.1 Autobahn Stadtring (A 100):
a) Rathenautunnel
b) Tunnel Innsbrucker Platz;

1.2 Autobahn A 111 zwischen Anschlußstelle Schulzendorfer Straße und Anschlußstelle Holzhauser Straße von 6.00 bis 21.00 Uhr.

2. Hamburg

Autobahn A 7 zwischen Anschlußstelle Hamburg-Othmarschen und Anschlußstelle Hamburg-Waltershof (Elbtunnel):

2.1 Benutzungsverbot für kennzeichnungspflichtige Beförderungseinheiten in der Zeit von 5.00 Uhr bis 23.00 Uhr.

2.2 Ganztägiges Benutzungsverbot für kennzeichnungspflichtige Beförderungseinheiten mit
- Gütern der Klasse 1 Randnummer 2101 (ausgenommen Unterklasse 1.4 S),
- Gütern der Klasse 6.1 Randnummer 2601 Ziffer 1 (Cyanwasserstoff UN-Nr. 1051 und 1614),
- allen Stoffen, die mit 2, 3, 7, 8-Tetradibenzo-1,4-dioxin (2, 3, 7, 8-TCDD) Toxizitätsäquivalent in Mengen über den nach Anlage 1 Nummer 1.1 zulässigen Grenzwerten kontaminiert sind.

2.3 Ganztägiges Benutzungsverbot für die in der Anlage 1 Nr. 2 aufgeführten Gase der Klasse 2.

3. Niedersachsen

Autobahn A 28/A 31 zwischen Anschlußstelle Leer-West und Anschlußstelle Jemgum (Emstunnel):

3.1 Benutzungsverbot für kennzeichnungspflichtige Beförderungseinheiten in der Zeit von 5.00 Uhr bis 23.00 Uhr.

3.2 Ganztägiges Benutzungsverbot für kennzeichnungspflichtige Beförderungseinheiten mit
- Gütern der Klasse 1 Randnummer 2101 (ausgenommen Unterklasse 1.4 S),
- Gütern der Klasse 6.1 Randnummer 2601 Ziffer 1 (Cyanwasserstoff UN-Nr. 1051 und 1614),
- allen Stoffen, die mit 2, 3, 7, 8-Tetradibenzo-1,4-dioxin (2, 3, 7, 8-TCDD) Toxizitätsäquivalent in Mengen über den nach Anlage 2 Nummer 1.1 zulässigen Grenzwerten kontaminiert sind.

3.3 Ganztägiges Benutzungsverbot fur die in der Anlage 1 Nr. 2 aufgeführten Gase der Klasse 2.

4. Nordrhein-Westfalen

Autobahn A 46 zwischen den Anschlußstellen Düsseldorf-Bilk und Düsseldorf-Holthausen.

a) ganztägiges Benutzungsverbot für kennzeichnungspflichtige Beförderungseinheiten mit
- Gütern der Klasse 1 Rn. 2101 (ausgenommen Unterklasse 1.4 S)
- Gütern der Klasse 6.1 Rn. 2601 Ziffer 1 (Cyanwasserstoff UN-Nr. 1051 und 1614)
- allen Stoffen, die mit 2,3,7,8 Tetradibenzo-1,4-dioxin (2,3,7,8-TCDD) Toxizitätsäquivalent in Mengen über den nach Anlage 2 Nr. 1.1 zulässigen Grenzwerten kontaminiert sind;

b) ganztägiges Benutzungsverbot für die in der Anlage 1 Nr. 2 aufgeführten Gase der Klasse 2

Bußgeldkatalog

Die Bußgeldnormen sind mit Absatz (römische Zahlen), Nummer (arabische Zahlen) und Buchstabe (kleine Buchstaben) zitiert.

Die Tatbestände des §10 Abs. 1 (=I) gelten für innerstaatliche und grenzüberschreitende Beförderungen, die Tatbestände des §10 Abs. 2 (=II) **nur** für innerstaatliche Beförderungen und die des §10 Abs. 3 (=III) **nur** für grenzüberschreitende Beförderungen.

Bußgeldkatalog

Nr.	Ordnungswidrigkeit, die darin besteht, daß	GGVS, § 10	DM
A.	**der Absender**		
	entgegen §9, Abs. 1		
01	Nummer 1 den Beförderer oder Verlader nicht hinweist,	I 5 a	600.00
02	Nummer 2 ein Beförderungspapier mitgibt, das den Vorschriften nicht entspricht, oder ein Beförderungspapier nicht mitgibt,	I 5 b	400.00
03	Nummer 3 die Bescheinigung nicht erstellt,	III 1	400.00
04	Nummer 4 Buchstabe a nicht dafür sorgt, daß der Bescheid rechtzeitig übergeben wird,	II 1	400.00
05	Nummer 4 Buchstabe c, d oder e nicht dafür sorgt, daß die Kopien oder Informationen rechtzeitig übergeben werden,	I 5 c	400.00
06	Nummer 5 eine Angabe in das Beförderungspapier nicht einträgt,	II 2	400.00
B.	**der Verlader**		
	entgegen §9, Abs. 2		
07	Nummer 1 den Fahrzeugführer nicht hinweist,	I 6 a	600.00
08	Nummer 2 gefährliche Güter dem Beförderer übergibt,	I 6 b	2.000.00
09	Nummer 3 nicht prüft, ob eine Verpackung beschädigt ist oder Versandstück oder eine ungereinigte leere Verpackung ohne Beseitigung des Mangels übergibt,	I 6 c	800.00
10	Nummer 4 Versandstücke nach Teilentnahme übergibt oder befördert,	I 6 d	800.00
11	Nummer 5 gefährliche Güter zur Beförderung in loser Schüttung oder in Containern übergibt,	I 6 e	800.00
12	Nummer 6 nicht dafür sorgt, daß die schriftlichen Weisungen in den Besitz des Fahrzeugführers gelangen,	I 6 f	500.00
13	Nummer 7 nicht dafür sorgt, daß die Fahrzeuge mit Gefahrzettel versehen werden,	I 6 g	300.00
14	Nummer 8 den Fahrzeugführer oder Beifahrer nicht einweist,	I 6 h	500.00
15	Nummer 9 Buchstabe a gefährliche Güter zur Beförderung in Tanks übergibt,	I 6 i	1.000.00
16	Nummer 9 Buchstabe b gefährliche Güter zur Beförderung in Tanks übergibt,	II 3	1.000.00
17	Nummer 10 eine Angabe dem Fahrzeugführer nicht mitteilt,	I 6 j	600.00
18	Nummer 11 nicht dafür sorgt, daß nicht befördert wird,	I 6 k	700.00
19	Nummer 12 die Dichtheit nicht prüft.	III 2	800.00
C.	**der Beförderer**		
	entgegen §9, Abs. 3		
20	Nummer 3 gefährliche Güter in loser Schüttung oder in Containern befördert,	I 7 c	800.00
21	Nummer 4 nicht dafür sorgt, daß die Begleitpapiere nach Anlage B, Randnummer 10 381, Abs. 1, Buchstabe a oder Abs. 2, Buchstabe a, c oder d oder Randnummer 11 282 oder die Ausrüstungsgegenstände nach Anlage B, Randnummer 21 260 und 61 260 Satz 1 dem Fahrzeugführer rechtzeitig übergeben werden:	I 7 d	
21.1	- Schriftliche Weisungen		500.00
21.2	- Beförderungspapiere		400.00
21.3	- Ausrüstungsgegenstände		300.00
22	Nummer 4 Buchstabe a nicht dafür sorgt, daß die Bescheinigung nach Randnummer 211 154 rechtzeitig übergeben wird,	II 5	400.00
23	Nummer 4 Buchstabe c nicht dafür sorgt, daß der Bescheid rechtzeitig übergeben wird,	II 6	400.00
24	Nummer 5 Buchstabe a eine Vorschrift über die Fahrzeugarten nicht beachtet,	I 7 e	800.00
25	Nummer 5 Buchstabe a eine Vorschrift über die Fahrzeugarten nicht beachtet,	II 7	800.00
26	Nummer 6 den Fahrzeugführer nicht durch einen Beifahrer begleiten läßt,	I 7 f	500.00

Nr.	Ordnungswidrigkeit, die darin besteht, daß	GGVS, § 10	DM
27	Nummer 7 nicht dafür sorgt, daß das beteiligte Personal in der Lage ist, die Weisungen wirksam anzuwenden,	I 7 g	300.00
28	Nummer 8 eine Mengengrenze nicht einhält,	I 7 h	800.00
29	Nummer 9 Buchstabe a Tanks mit gefährl. Gütern befüllen läßt,	I 7 i	1.000.00
30	Nummer 9 Buchstabe b Tanks mit gefährl. Gütern befüllen läßt,	II 8	1.000.00
31	Nummer 10 oder 11 nicht für die Einhaltung der dort angegebenen Vorschriften sorgt,	I 7 j	800.00
32	entgegen §7 Abs. 3 Satz 5, auch in Verbindung mit Abs. 8 oder §7 a Abs. 1 in Verb. mit §7 Abs. 3 Satz 5, auch in Verb. mit §7 a Abs. 4, gefährliche Güter ohne Fahrwegbestimmung befördert,	I 1	1.500.00
33	entgegen §7 Abs. 3 Satz 8, auch in Verbindung mit Abs. 8, oder §7 a Abs. 1 in Verbindung mit §7 Abs. 3 Satz 8, auch in Verbindung mit §7 a Abs. 4, nicht dafür sorgt, daß der Bescheid über die Fahrwegbestimmung dem Fahrzeugführer vor Beförderungsbeginn übergeben wird,	I 2	1.500.00
34	entgegen §7 Abs. 7 Satz 1, auch in Verbindung mit Abs. 8, oder §7 a Abs. 1 in Verb. mit §7 Abs. 7 Satz 1, auch in Verb. mit §7 a Abs. 4, nicht dafür sorgt, daß die Bescheinigung, die Reservierungsbestätigung oder das Beförderungspapier für den Bahntransport dem Fahrzeugführer vor Beförderungsbeginn übergeben wird.	I 2	300.00
D.	**der Fahrzeugführer**		
	entgegen §9 Abs. 4		
35	Nummer 1 ein Versandstück befördert,	I 8 a	400.00
36	Nummer 2 Buchstabe a die Bescheinigung nach Randnummer 211 154 nicht mitführt oder nicht aushändigt,	II 9	300.00
37	Nummer 2 ein Begleitpapier nach Anlage B Randnummer 10 381 Abs. 1 Buchstabe a oder Abs. 2, ein Feuerlöschgerat oder einen Ausrüstungsgegenstand nach Anlage B Randnummer 10 260 Buchstabe a bis c, 21 260 und 61 260 Satz 1 nicht mitführt oder aushändigt,	I 8 b	
37.1	- Fehlen bzw. Nichtaushändigen der Schulungsbescheinigung,		100.00
37.2	- Fahrzeugführer ohne Schulung,		600.00
37.3	- Fahrzeugführer ohne Schulung für die betreffende Klasse,		300.00
37.4	- Feuerlöschgerät, Warnleuchten, Unterlegkeile, Werkzeugkasten für Notreparaturen,		300.00
37.5	- Beförderungspapiere und schriftiche Weisungen,		300.00
37.6	- besondere Schutzausrüstung,		200.00
38	Nummer 2 Buchstabe d den Bescheid nicht mitführt o. aushändigt,	II 10	300.00
39	Nummer 3 eine Vorschrift über die Durchführung der Beförderung oder die Überwachung beim Parken nicht beachtet,	I 8 c	200.00
40	Nummer 4 nicht für die Einhaltung der Vorschriften über das Betreten von Fahrzeugen mit Beleuchtungsgeräten sorgt,	I 8 d	200.00
41	Nummer 5 nicht für das Anbringen, Sichtbarmachen, Verdecken oder Entfernen sorgt,	I 8 e	
41.1	- Warntafeln oder Kennzeichnungsnummern nicht anbringen oder sichtbar machen,		300.00
41.2	- nicht verdecken oder entfernen,		100.00
41.3	- Gefahrzettel nach Randnummern 10 500 oder 11 500 nicht anbringen oder sichtbar machen,		200.00
41.4	- nicht verdecken oder entfernen,		100.00
41.5	- Gefahrzettel nach Randnummer 71 500 nicht anbringen oder sichtbar machen,		300.00
41.6	- nicht verdecken oder entfernen,		100.00
42	Nummer 6 einen Behälter mit Wasser nicht mitführt,	I 8 f	200.00
43	Nummer 7 die Feststellbremse nicht anzieht,	I 8 g	200.00
44	Nummer 8 eine Leuchte nicht aufstellt,	I 8 h	200.00
45	Nummer 9 die Behörden nicht oder nicht rechtzeitig benachrichtigt oder benachrichtigen läßt,	I 8 i	300.00
46	Nummer 10 eine vorgeschriebene Maßnahme nicht trifft,	I 8 j	200.00

Nr.	Ordnungswidrigkeit, die darin besteht, daß	GGVS, § 10	DM
47	Nummer 11 den höchstzulässigen Füllungsgrad oder die höchstzulässige Masse der Füllung je Liter Fassungsraum nicht einhält, Nummer 11 den höchstzulässigen Füllungsgrad oder die höchstzulässige Masse der Füllung je Liter Fassungsraum nicht einhält,	I 8 k	200.00
48	Nummer 12 die Dichtheit nicht prüft,	II 11	200.00
49	entgegen §7 Abs. 3 Satz 7, auch in Verbindung mit Abs. 8, oder §7 a Abs. 1 in Verbindung mit §7 Abs. 3 Satz 7, auch in Verbindung mit §7 a Abs. 4, die Fahrwegbestimmung nicht beachtet,	I 3	500.00
50	entgegen §7 Abs. 3 Satz 8, auch in Verbindung mit Abs 8, oder §7 a Abs. 1 in Verbindung mit §7 Abs. 3 Satz 8, auch in Verbindung mit §7 a Abs. 4, den Bescheid über die Fahrwegbestimmung oder entgegen §7 Abs. 7 Satz 2, auch in Verbindung mit Abs. 8, oder §7 a Abs. 1 in Verbindung mit §7 Abs. 7 Satz 2, auch in Verbindung mit §7 a Abs.4, die Bescheinigung, die Reservierungsbestätigung oder das Beförderungspapier für den Bahntransport nicht mitführt oder aushändigt,	I 4	300.00
51	entgegen §11 Abs. 3 Nr. 3 Satz 2 die Bescheingung nicht mitführt,	I 23	100.00
E.	**der Halter**		
	entgegen § 9 Abs. 5		
52	Nummer 1 eine Vorschrift über Bau oder Ausrüstung der Fahrzeuge nicht beachtet:	I 9 a	
52.1	- Mängel, die zur Stillegung/Untersagung der Weiterfahrt geführt haben,		1.000.00
52.2	- andere Mängel,		600.00
53	Nummer 2 ein Fahrzeug nicht mit Warntafeln, Kennzeichnungsnummern und Gefahrzetteln ausrüstet:	I 9 b	
53.1	- Fehlen der Warntafeln und Kennzeichnungsnummern,		600.00
53.2	- Fehlen der Gefahrzettel,		300.00
54	Nummer 3 Buchstabe a nicht dafür sorgt, daß der Tank den Vorschriften entspricht:	I 9 c	
54.1	- Bau, Ausrüstung		1.500.00
54.2	- Kennzeichnung		500.00
55	Nummer 3 Buchstabe b nicht dafür sorgt, daß der Tank den Vorschriften entspricht:	II 12	
55.1	- Bau, Ausrüstung		1.500.00
55.2	- Kennzeichnung		500.00
56	Nummer 3 Buchstabe c nicht dafür sorgt, daß der Tank den Vorschriften entspricht:	II 13	1.500.00
57	Nummer 4 eine außerordentliche Prüfung des Tanks nicht durchführen läßt.	I 9 d	1.000.00
F.	**der Auftraggeber des Absenders**		
58	entgegen §9 Abs.6 den Absender nicht hinweist.	I 10	600.00
G.	**der eigenverantwortliche Verpacker**		
	entgegen §9 Abs. 7		
59	eine Vorschrift über	I 11	
59.1	- die Verpackung,		1.000.00
59.2	- das Zusammenpacken,		1.000.00
59.3	- die Kennzeichnung nicht beachtet.		300.00
H.	**der Empfänger**		
	entgegen §9 Abs. 8		
60	Nummer 1 Warntafeln o. Gefahrzettel nicht entfernt o. verdeckt,	I 12	300.00
I.	**der geschäftsmäßig oder gewerbsmäßig tätige Empfänger**		
61	entgegen §9 Abs. 9 den Fahrzeugführer oder Beifahrer nicht einweist.	I 13	300.00

Nr.	Ordnungswidrigkeit, die darin besteht, daß	GGVS, § 10	DM
J.	**der Eigentümer**		
	entgegen §9 Abs. 10		
62	Nummer 1 Buchstabe a nicht dafür sorgt, daß der Tankcontainer - ner den Vorschriften entspricht:	I 14 a	
62.1	- Bau, Ausrüstung,		1.500.00
62.2	- Kennzeichnung,		600.00
63	Nummer 1 Buchstabe b nicht dafür sorgt, daß der Tankcontainer den Vorschriften entspricht:	II 13	
63.1	- Bau, Ausrüstung,		1.500.00
63.2	- Kennzeichnung,		600.00
65	Nummer 2 eine außerordentliche Prüfung nicht durchführen läßt.	II 14 b	1.000.00
K.	**der Hersteller**		
65	entgegen §9 Abs. 11 die Kennzeichnung anbringt.	I 15	3.000.00
L.	**der Betroffene**		
	entgegen §9 Abs. 12		
66	Nummer 1 eine vollziehbare Auflage nicht beachtet	I 16	1.000.00
67	Nummer 2 eine vollziehbare Auflage nicht beachtet.	II 14	1.000.00
M.	**der Befüller**		
	entgegen §9 Abs. 13		
68	Nummer 1 eine Warntafel nicht anbringt,	I 17 a	300.00
69	Nummer 2 einen Gefahrzettel nicht anbringt,	I 17 b	300.00
70	Nummer 3 Buchstabe a einen Tankcontainer mit gefährlichen Gütern befüllt,	I 17 c	1.000.00
71	Nummer 3 Buchstabe b einen Tankcontainer mit gefährlichen Gütern befüllt,	II 16	1.000.00
72	Nummer 4 den höchstzulässigen Füllungsgrad oder die höchstzulässige Masse der Füllung je Liter Fassungsraum nicht einhält,	I 17 d	600.00
73	Nummer 5 die Dichtheit nicht prüft.	I 17 e	800.00
N.	**der Verlader oder Fahrzeugführer**		
	entgegen §9 Abs. 14		
74	eine Vorschrift über	I 18	
74.1	- Zusammenladen,		400.00
74.2	- Beladen oder Handhabung nicht beachtet.		200.00
O.	**der Fahrzeugführer oder Empfänger**		
75	entgegen §9 Abs. 15 eine Vorschrift über das Entladen nicht beachtet.	I 19	200.00
P.	**der Verlader, Beförderer, Fahrzeugführer, Beifahrer, oder der Empfänger**		
	entgegen §9 Abs. 16		
76	Nummer 1 eine Vorschrift über das Verbot von Feuer oder offenem Licht nicht beachtet,	II 15	200.00
77	Nummer 2 eine Vorschrift über das Rauchverbot oder das Verbot von Feuer oder offenem Licht nicht beachtet.	I 20	200.00
Q.	**der Belader**		
78	entgegen §9 Abs. 17 eine Warntafel oder einen Gefahrzettel nicht anbringt,	I 21	300.00
R.	**der Verlader, Beförderer, Fahrzeugführer, Beifahrer, oder der Empfänger**		
79	entgegen §9 Abs. 18 Buchstabe a eine Vorschrift über Vorsichtsmaßnahmen nicht beachtet,	I 22	300.00
80	Buchstabe b eine Vorschrift über Vorsichtsmaßnahmen nicht beachtet.	II 17	300.00
S.	**der unmittelbare Besitzer**		
81	entgegen §9 Abs. 18a eine Vorschrift über die Kennzeichnung nicht beachtet	II 22 a	300.00

Springer und Umwelt

Als internationaler wissenschaftlicher Verlag sind wir uns unserer besonderen Verpflichtung der Umwelt gegenüber bewußt und beziehen umweltorientierte Grundsätze in Unternehmensentscheidungen mit ein. Von unseren Geschäftspartnern (Druckereien, Papierfabriken, Verpackungsherstellern usw.) verlangen wir, daß sie sowohl beim Herstellungsprozess selbst als auch beim Einsatz der zur Verwendung kommenden Materialien ökologische Gesichtspunkte berücksichtigen.
Das für dieses Buch verwendete Papier ist aus chlorfrei bzw. chlorarm hergestelltem Zellstoff gefertigt und im pH-Wert neutral.

SPRINGER NATURE

GPSR Compliance

The European Union's (EU) General Product Safety Regulation (GPSR) is a set of rules that requires consumer products to be safe and our obligations to ensure this.

If you have any concerns about our products, you can contact us on ProductSafety@springernature.com

In case Publisher is established outside the EU, the EU authorized representative is:

Springer Nature Customer Service Center GmbH
Europaplatz 3
69115 Heidelberg, Germany

The manufacturer's authorised representative in the EU is Springer Nature Customer Service Centre GmbH, Europaplatz 3, 69115 Heidelberg, Germany. If you have any concerns regarding our products, please contact ProductSafety@springernature.com

Printed and bound by CPI Group (UK) Ltd, Croydon, CR0 4YY
15/07/2026
02167639-0001